学会选择，懂得放弃

|文德　编著|

中国华侨出版社

·北 京·

前　言

　　人在一生之中，需要做出很多的选择，每一次选择都关系着此后人生的走向，而不同的选择会导致不同的结果。错误的选择会让人走尽弯路，辛苦一生却无所收获，甚至走入歧途，酿成人生悲剧。正确的选择，会让人一生顺风顺水，事业的发展一路向前。尤其是处在前途未卜的十字路口或者决定性的时刻，更需要我们拿出果断和勇气，学会运用所有的智谋，量力而行，做出正确的判断。

　　很多时候，我们总是想选择这个，却害怕错过那个，于是拿起来又放下，到最后一刻还在犹豫；认为这个会有这样的缺点，那个会有那样的不足，所以总迟迟下不了决心，或者选择之后，又来回地更改，时间和精力都在患得患失之间被耽搁了，幸福也从指间流走。选择不是一锤子的买卖，不能因为一粒芝麻丢了西瓜；不能因为留恋一棵小树而失去整片的森林。选择必须要有理性、睿智和远见卓识，不可鼠目寸光，不可急功近利，更不可本末倒置、因小失大。

　　同样，人一生中需要放弃的也很多。放弃不能承受之重，放弃心灵桎梏……该放弃时就要放弃，不懂放弃常使人背负沉重压力，长期被痛苦困扰；懂得放弃则会让我们避免许多挫折，生活更顺利。下棋的时候，有些局面需要弃子。弃子的力度越大，得到的战果越佳。抓一把沙子，你的手握得越紧，你失去的就越多，若是松开手，得到的反而更多。所以，放弃是另一种更广阔的拥有，放弃是为了更好地选择，适时的放弃是一种智慧，懂得放弃，能让自己收获成功。敢于放弃者精明，乐于放弃者聪明，善于放弃者高明。

人生就是一个不断选择与放弃的过程，鱼和熊掌不可兼得，这就需要我们学会选择、懂得放弃，审时度势，扬长避短，把握时机，才能拥有真正属于自己的东西。如果一些东西不属于我们，那么不管它是多么诱人，我们也要学会放弃，唯有这样，我们才能够不断地获得新生。

本书对选择和放弃做了全面而深刻的诠释，涉及人生的诸多方面，旨在帮助人们掌握这门生存哲学，在纷繁复杂的社会现实中保持清醒的头脑，更理性地认识自己、认识社会，在漫长的人生旅程中正确选择、适时放弃，走好人生每一步棋，把握好自己的命运，早日实现成功。

目 录

第六章
放弃包袱，持花而行：追随自在的脚步

第七章
抛弃懒惰，选择行动：努力得到自己想要的

第八章
抛弃犹疑，选择拼搏：抓住人生机遇

第九章
放弃消极，选择积极：阳光总在风雨后

第十章
睿智人生，取舍之间彰显智慧

第一章
选择是人生的必修课

人生即是选择

人只要在追求，他就在选择。

人生有无限多个解。人生是不能被理性穷尽的一个无理数。每个人因为站在不同角度去看它、体验它，所以从中得出的有关人生的定义，也各有殊异。

但有一点是共同的——人生即是选择。

一位作者曾写过这样一篇文章：记得小时候，农村水果十分稀缺，经常和生产队里年龄相仿的小朋友，三个一群、五个一组地爬树摘野山栗、紫桑葚之类，以解口头之馋。而每次爬树的时候，都会出现相似的情况:开始大家都从一棵大树底下往上爬，可越往上爬，树的分权越多，各人为了多采点儿果实，便选择了不同树枝。结果起点完全相同的小朋友们，各自爬到了不同的方向和高度上，有的站在又高又稳的主干枝头上，有的蹲伏在摇摆不定的侧枝上，还有的停留在树杈间……下来的时候，有的满载而归，有的略有所获，还有的空手而回。

现在想来，小时候的爬树，与人生的历程又是何其相似？生活中我们经常不知不觉地走到"十"字甚至"米"字路口，让你去选择，而正是这一次次的选择决定了我们今天的社会地位和人生状况。

人生似一条曲线，起点和终点是无可选择的，而起点和终点之间充满着无数个选择的机会。

在人生的旅途上，你必须做出这样的抉择：你是任凭别人摆布还是坚定自强，是总要别人推着你走，还是驾驭自己的命运，独当一面。

不少人的生活就像秋风卷起的落叶，漫无目标地飘荡，最后停在某处，干枯、腐烂。

为了促进个人的成长，达到个人的幸福，你必须学会驾驭生活。你必须自己选择服装、选择朋友、选择工作和奋斗目标。

很多人都会处于何去何从、前途未卜的十字路口，这是人生决定性的时刻。决定性的选择需要果断和勇气。这果断和勇气，有猜测和赌博的成分，但更多的来自知识和智慧的判断。

人人都会面临各种各样的危机，如信仰危机、事业危机、感情危机，等等。在危机当中，正确的选择和变动，会使我们积累起一种新的力量，重新面对世界。

在每个人的身上，都有一种十分强大的力量潜藏于体内，如果你无法发现它，它就永远处于冬眠状态，在人生的路途中你将无法发挥自身的创造力，更无法实现你的人生追求与梦想。

虽然选择的权利在你的手中，但许许多多的人并没有使用这一权利。也许这就是成千上万的人活得碌碌无为的最为直接的原因。

拿破仑选择了当时法国大革命以展示其军事指挥才干，才由一个科西嘉小子成为一代伟大的统帅；比尔·盖茨因为选择了开辟个人电脑，才由一名仅上过一年哈佛的准大学生成为世界首富。

不是有才能就一定能成功，世界上许多有才干的人并不是成功人士。这是因为他们没有选对发挥自己才干的舞台。

如果你想实现自己的人生价值，千万别忘了选择，因为只有选择才会给你的生命不断注入激情；也只有选择才能使你拥有把握自己命运的伟大的力量；也只有选择才能把你人生的美好梦想变成辉煌的现实。

把握命运的伟大力量

选择是把握自身命运的伟大力量。

谁掌握了选择的力量，谁就掌握了人生的命运。

人生的任何努力都会有结果，但不一定有预期的结果。

错误的选择往往使辛勤的努力付诸东流，甚至使人生招致灭顶之灾。

只有正确地选择了，所付出的努力才会有美好的结果。

或许你自己都没有意识到这点，只有当你面临困境的时候，你才会发现这种潜在的力量。

　　一群迁徙的野牛在行进途中，突遭数只凶猛猎豹的袭击。刚才还是悠然自得的牛群顿时像炸了窝的马蜂，惊恐着四处奔逃，躲避着猎豹，逃脱着死亡。一只只野牛在奔逃中被扑倒，没有搏斗，连挣扎也是那样有气无力，只是哀鸣了几声，就成了猎豹的食物。

　　突然，一只看似弱小的野牛，就在快被猎豹追上的刹那，突然转向，全身奋力后坐，努力将身体的重心后移，奔跑的四蹄成了四条铁杠，直直地斜撑在地上，身体周围腾起一股浓浓的尘土，如同爆响的炸弹掀起的浪。在这生与死的千钧一发之际，这只小小的野牛停住了。

　　急停下来的小野牛，不但没有被猎豹吓倒，反而是愤怒地沉下头，接着又仰起头顶上那一双尖尖的硬硬的牛角，猛抵向冲过来的猎豹。那只不可一世的猎豹，还没有看清眼前发生的一切，就被小野牛的尖角抵住了身体，扎进了肚子，被高高地捅起，抛向空中。

　　顿时，情况急转直下，奔逃的野牛们还在拼命地奔逃，而其他猎豹却惊呆了，先是顿立，继而掉头逃走了。

　　我们不知道为什么唯有那只小野牛不像它的父母兄弟姐妹以奔逃求生，而选择回首痛击，去战胜自己所面临的死亡。但它的行为却给了我们许许多多的启迪和联想。

　　生活中的困难多于幸福，人生中的磨难多于享乐。人不应在困难中倒下，而要努力在困难中挺起。因为当你重新做出选择的时候，你就会拥有一种连自己都不敢相信的力量，而这种力量会使你战胜困难，同时使你的人生像初升的太阳一样，突破云层，升上蔚蓝的天空。

　　很多时候，我们需要积聚起一种新的力量，重新面对世界。面临危机，你必须做出选择，这如同你不会游泳却被人推到河里一样，除了学会游上岸让自己不至于被淹死外，别无生路。

有时候，选择使人痛苦，尤其是当被选择的诸对象对你具有同等吸引力的时候。人生的悲哀，莫过于自己不会选择，或者不去选择。只有依靠自己的选择，才能掌握自己的命运；只有正确的选择，才有成功的人生。

选择伴随着每个人的一生，并决定了每个人一生的成败和优劣。选择比性格更有力量，选择比努力更有力量，选择比才干更有力量，选择是人生伟大的力量。

地图人生

地图上的路有千百条，但你找不到一条始终笔直平坦的路。人生的道路也是这样，充满崎岖坎坷。如果你想选择一条始终笔直平坦的路，那你将无路可走。生活是一条曲折而漫长的征途——既有荒凉的大漠，也有深幽的峡谷；既有横亘的高山，也有断路的激流。只有矢志不渝地前进，才能赢得光辉的未来；只有顽强不息地攀越，才能登上理想的巅峰。人生道路，就是这么不平坦，坑坑洼洼，曲曲折折——既有得意者的欢欣，也有失败者的泪水；既有顺利者的喜悦，又有受挫者的苦恼。正是因人生像条曲线，生命才变得充实而有意义。当一个人走完了自己的坎坷旅程，蓦然回首时，他定会为自己留下的曲折而执着的印迹而欣慰，对大千世界报以满意的一瞥……人生的曲线，予人信心，给人希望，激人奋进，展示了人类奋斗的力量和过程的壮美。的确，人生是一条曲线，我们畏头缩颈又有何用？倒不如昂起头来，大踏步前进为好。

地球上的路有千百条，但每一条路都只能走向一个既定的目标。一个人，不可能同时向南又向北。路只能一步一步地走，目标只能一个一个地实现。你如果什么都想要，最终便什么也得不到。太多的幻想，往往使人不知如何选择。当你还在举棋不定时，别人或许已经到达目的地了。托尔斯泰说："人生目标是指路明灯。没有人生目标，就没有坚定的方向；而没有方向，就没有生活。"在人生的竞赛场上，无论一个多么优秀、素质多么好的人，如果没有确立一个鲜明的人生目标，也很难取得事业上的成功。许多人并不缺信心、能力、智力，只是没有确立目标或没有选准目标，所以没有走上成功的道途。这道理很简单，正如一位百发百中的神射击手，如果他漫无目标地乱射，也不会在比赛中获胜。

在人生旅途中，选择什么样的路，当量力而行。要学会选择，学会审时度势，学会扬长避短。只有量力而行的睿智选择才会拥有更辉煌的成功。

"成名成家"固然充满风光，但绝不是每一个人都可以实现，"心想事成"只不过是美好的愿望。有信心是重要的，但有信心不一定会赢，而没信心却一定会输。人生的学问，其实就是"量需而行，量力而行"。要想获得快乐的人生，你最好不要像过去那样行色匆匆，不妨停下脚步，暂时休息一会儿，想一想自己需要什么、需要多少。想一想有没有这样的情况：有些东西明明是需要的，你却误以为自己不需要；有些东西明明不需要，你却误以为自己需要；有些东西明明需要得不多，你却误以为需要很多；有些东西明明需要很多，你却误以为不怎么需要……

一张地图，一次人生，二者何其像也！

看清"气候"再决断

一个人很难有足够的预知能力来决定命运，你无法预知未来是朝哪个方向发展。但也并不是说，我们只能被动地随波逐流，任凭命运摆布。我们可以睁大眼睛看清时势，再做出有利于自身的选择。既然环境不容易改变，不如先改变我们自己：看清周围的"气候"，然后灵活应对，只有这样才能明辨是非、趋利避害。

一般说来，社会气候是很难改变的。这种"大气候"一旦形成，通常几年、几十年乃至上百年都不会有太大的变化。一个人在这种社会气候中只能接受，而不会有太大的改动余地。不接受对你没有什么好处，如屈原，感叹自己生不逢时，"举世混浊而我独清，世人皆醉而我独醒"，可结果呢，却不为世道所容，怀石投江。

"大气候"不易改变，"小气候"总是还有让人发挥的余地的。一个人在家庭、职场的活动中，只要努力追求，总是会有很大的空间。

分清自己所处的"大气候"和"小气候"，明白自己的位置，清楚活动的空间，辨别生活的利害，采取适当的手段，对于一个人来说，并不是件很难的事情。

韩信，淮阴人，少时"贫无行"，不会谋生，"常寄食于人，人多厌之者"。曾有一恶少年侮辱他，让他钻裤裆，韩信就钻了，"市人皆笑〔韩〕信，以为怯〔懦〕"。但"其志与众异"，他是位"忍小愤而就大谋"的"盖世之才"。

韩信在拜将之前，就向刘邦提出"以天下城邑封功臣，何所不服"

的建议，表明他胸怀大志，意在封王，他不懂得分封制度在当时已不合历史潮流。

韩信出身贫民，却满脑子分封思想。刘邦虽然曾"自以为得（韩）信晚"而任他为大将，但刘邦始终没有像相信萧何、张良那样把韩信作为心腹对待，因为韩信总热衷占据一方，封王封土，怎么能让刘邦放心呢？

刘邦坐稳了江山之后，看到韩信握有重权，并且深得军心，十分担忧。他宴请群臣，面对臣下的恭贺，也忧心忡忡。张良察言观色，明白了是刘邦害怕功高之人今后难以控制，就私下对韩信说："你是否记得勾践杀文种的故事？自古以来，只可与君主共患难，而不可与其同享富贵。前车之鉴，后事之师啊！我们要好自为之。"

韩信尽管认为张良的话有道理，但他对刘邦还是抱有幻想，他认为是自己帮助刘邦成就了帝业，刘邦怎么会忘恩负义呢？可是不久，便有奸佞之臣诬告韩信恃功自傲，不把皇帝放在眼里。刘邦更是不满于韩信的所作所为，不久，就设计解除了韩信的兵权。后来，韩信为吕后所拘杀。

韩信错就错在不看清"气候"、不识时务而做出了错误选择，即使才略满腹最终也成为一个悲剧人物。人处在一个复杂的社会里，人际关系错综复杂，世事诡变难以预料，只有顺应时势，伺机而动，才能在社会上立足扎根。

选择面前别固执

两个贫苦的猎人靠上山打猎为生。

　　有一天，他们在山里发现两大包棉花，两人喜出望外，山里猎物不好打，而将这两包棉花卖掉，足可让家人一个月衣食无虑。当下两人各自背了一包棉花，便赶路回家。

　　走着走着，其中一名猎人眼尖，看到山路上有一大捆布，走近细看，竟是上等的细麻布，足足有十多匹之多。他欣喜之余，和同伴商量，一同放下肩负的棉花，改背麻布回家。

　　他的同伴却有不同的想法，认为自己背着棉花已走了一大段路，到了这里又丢下棉花，岂不枉费自己先前的辛苦，坚持不愿换麻布。先前发现麻布的猎人屡劝同伴不听，只得自己竭尽所能地背起麻布，继续前行。

　　又走了一段路后，背麻布的猎人望见林中闪闪发光，待近前一看，地上竟然散落着数坛黄金，心想这下真的发财了，赶忙邀同伴放下肩头的麻布及棉花，背起黄金。

　　他的同伴仍是那个不愿丢下棉花以免枉费辛苦的想法，并且怀疑那些黄金不是真的，劝他不要白费力气，免得到头来空欢喜一场。

　　发现黄金的猎人只好自己背了两坛黄金，和背棉花的伙伴赶路回家。走到山下时，突然下了一场大雨，两人在空旷处被淋了个透。更不幸的是，背棉花的猎人肩上的大包棉花，吸饱了雨水，重得完全背不动，不得已，他只能丢下一路辛苦舍不得放弃的棉花，空着手和挑金的同伴回家去。

　　面对机会的来临，人们常有许多不同的选择方式。有的人会单纯地接受；有的人抱持怀疑的态度，站在一旁观望；有的人则固执地不肯接受任何新的改变。而不同的选择，当然会导致迥异的结果。许多成功的契机，起初未必能让每个人都看得到深藏的潜力，但起初抉择的正确与否，往往就决定着成功与失败的分野。

在人生的每一个关键时刻，审慎地运用你的智慧，做最正确的判断，选择属于你的正确方向。同时别忘了随时检查自己选择的角度是否产生偏差，适时地加以调整，千万不能像背棉花的猎人一般，只凭一套哲学，便欲度过人生所有的阶段。

成功既不是全盘接受，也不是全盘放弃，而是在情况发生变化时能够及时修正自己的目标和行动。放掉无谓的固执，冷静地用开放的心胸去做正确抉择。每次正确无误的选择将指引你永远走在通往成功的坦途上。

愿望与现实之间

1865 年，美国南北战争结束了。一名记者去采访林肯，他们有这么一段对话：

记者："据我所知，上两届总统都曾想过废除农奴制，《解放黑人奴隶宣言》也早在他们那个时期就已草就，可是他们都没拿起笔签署它。请问总统先生，他们是不是想把这一伟业留下来，让您去成就英名？"

林肯："可能有这个意思吧。不过，如果他们知道拿起笔需要的仅是一点勇气，我想他们一定非常懊丧。"

记者还没来得及问下去，林肯的马车就出发了，因此，他一直都没弄明白林肯的这句话到底是什么意思。

直到 1914 年，林肯去世 50 年了，记者才在林肯致朋友的一封信中找到答案。在信里，林肯谈到幼年的一段经历：

"我父亲在西雅图有一处农场，农场里有许多石头。正因为此，父亲才得以用较低价格买下它。有一天，母亲建议把上面的石头搬走。父亲说，如果可以搬走的话，主人就不会卖给我们了，它们是一座座小山头，都与大山连着。

"有一年，父亲去城里买马，母亲带我们到农场劳动。母亲说，让我们把这些碍事的东西搬走，好吗？于是我们开始挖那一块块石头。不长时间，就把它们弄走了，因为它们并不是父亲想象的山头，而是一块块孤零零的石块，只要往下挖一米，就可以把它们晃动。"

林肯在信的末尾说，有些事情人们之所以不去做，只是因为他们认为不可能。而许多不可能，只存在于人们的想象之中。

每个人都有一大堆的愿望，但他们却很难踏上实现的征程，影响他们做出选择的因素有时候很简单，那就是勇气。他们因为恐惧而害怕选择自己认为不可能的愿望，因此也错过了成功的机会。

如果你有一个不可战胜的灵魂，那么无论在你身上发生什么事，无论面前有多么大的困难，都无法影响到你。当你意识到自己从伟大的造物主那里获得源源不断的能量时，能真正影响到你的事情就少之又少了。因为，无论什么事情降临在你身上，你都可以保持内心的平静。

那些成功的人们，如果当初都在一个个"不可能"的面前，因恐惧失败而退却，而放弃尝试的机会，他们就不可能获得成功，他们也将平凡。没有勇敢的尝试，就无从得知事物的深刻内涵，而勇敢地做出决断了，即使失败，也由于对实际痛苦的亲身体验，而获得宝贵的经验，从而在命运的挣扎中，愈发坚强，愈发有力，愈接近成功。

不甘于平凡，勇敢地挑战自我、挑战潜能，下定决心，铁了心去做。你可能面对不同的局面，但必须要时刻记住：要为梦想去奋斗，有信心获得成功，你就能成功，因为，你体内有一股巨大的潜能。你勇敢，困难便退却；你懦弱，困难就变本加厉地折磨你。你勇敢，就可能成功；你懦弱，则肯定会失败。

人生，不论到了哪一步境地，只要你还有勇气向成功挑战，你就还没有失败。所谓失败，都可以算作你的宝贵经验，是可以创造财富的。所以，只要勇气还在，你就有望赢得胜利，你就可以立于不败之地！

大胆地选择

20 世纪初，有个爱尔兰家庭想移民美洲。他们非常穷困，于是辛苦工作，省吃俭用 3 年多，终于存够钱买了去美洲的船票。当他们被带到甲板下睡觉的地方时，全家人以为整个旅程中他们都得待在甲板下，而他们也确实这么做了，仅吃着自己带上船的少量面包和饼干充饥。

一天又一天，他们以充满嫉妒的眼光看着头等舱的旅客在甲板上吃着奢华的大餐。最后，当船快要停靠爱丽丝岛的时候，这家其中一个小孩生病了。做父亲的找到服务人员说："先生，求求你，能不能赏我一些剩菜剩饭，好给我的小孩吃？"

服务人员回答："为什么这么问？这些餐点你们也可以吃啊。"

"是吗？"这人说，"你的意思是说，整个航程里我们都可以吃得很好？"

"当然！"服务人员以惊讶的口吻说，"在整个航程里，这些餐点也供应给你和你的家人，你的船票只是决定你睡觉的地方，并没有决定你的用餐地点。"

很多人也有相同的情况，他们以为他们"被带去看"的地方就是他们一辈子必须待的地方，他们不明白，他们可以和其他人一样，享受许多同样的权利。成功是要寻访、要共享、要想办法接近的。

过去的已经过去，现在你正在为灿烂的明天打基础。正如一位哲人所说："无论你身处何境都要有自己的选择。"只有大胆的选择才能将你从贫困带到富裕，从逆境带到顺境，从失败带到成功。

选择强者做对手

1996 年的世界爱鸟日这一天，芬兰维多利亚国家公园应广大市民的要求，放飞了一只在笼子里关了 4 年的秃鹰。事过三日，当那些爱鸟者们还在对自己的善举津津乐道时，一位游客在距公园不远处的一片小树林里发现了这只秃鹰的尸体。解剖发现，秃鹰死于饥饿。

秃鹰本来是一种十分凶悍的鸟，甚至可与美洲豹争食。然而它由于在笼子里关得太久，远离天敌，结果失去了生存能力。

无独有偶。一位动物学家在观察生活于非洲奥兰治河两岸的动物时，注意到河东岸和河西岸的羚羊大不一样，河东岸羚羊奔跑的速度比河西岸羚羊每分钟要快 13 米。

他感到十分奇怪，既然环境和食物都相同，何以差别如此之大？为了解开其中之谜，动物学家和当地动物保护协会进行了一项实验：在两岸分别捉 10 只羚羊送到对岸生活。结果送到西岸的羚羊发展到

14只，而送到东岸的羚羊只剩下了3只，另外7只被狼吃掉了。

谜底终于揭开了，原来东岸的羚羊之所以身体强健，只因为它们附近居住着一个狼群，这使羚羊天天处在"竞争氛围"中。为了生存下去，它们变得越来越有战斗力。而西岸的羚羊身体较弱，奔跑也不快，恰恰就是因为缺少天敌，没有生存压力。

上述现象对我们不无启迪，生活中出现一个对手、一些压力或一些磨难并不是坏事。一份研究资料说，一年中不患一次感冒的人，得癌症的概率是经常患感冒者的6倍。至于俗语"蚌病生珠"，则更说明问题。一粒沙子嵌入蚌的体内后，蚌将分泌出一种物质来疗伤，时间长了，便会逐渐形成一颗晶莹的珍珠。

什么样的对手将造就什么样的自己。

生活中有各种各样的笼子，不少人的处境和那只笼子里的秃鹰差不多。虽然它能让人乐而忘忧、流连忘返，但毕竟是笼子。可以设想，最后的结局和那只秃鹰没有什么两样，所以一定要选择一个强者做对手。

有所为有所不为

"有所为有所不为"，这是中国的一句哲理名言，"有所为"是主动选择，"有所不为"是敢于放弃。一个人能力再强，精力再多，也不可能无所不为，什么都想做只能是什么也做不好，选好自己应该做的才是最关键的。

譬如，世间上行业千千万万，哪行做好了都能赚钱。每天都有企业垮台、破产，每天同样也有新的企业诞生。经营任何一种行业的商人，都应熟悉自己的主业，把它研究深、研究透，方能成为该行业的老大。

作为一个成熟的商人，要学会放弃，那些不熟悉的行业，千万不要轻易进入。别人在赚钱，不要眼红心动，否则，今天的投资，意味着明天的垮台！

商人们千万不要有了点钱，就认为什么生意都可做，什么行业的钱都想赚！

作为领导也是这样，有些领导喜欢揽权，大事小事都要亲力亲为，结果人累得够呛，事情也没办好。

艾森豪威尔在他的《远征欧陆》一书中，说马歇尔"轻视那些事必躬亲的人，他认为那些埋头于琐碎小事的人，没有能力处理战争中更重要的问题"。他讲美国的军事原则是："为战区司令官指定一项任务，给他提供一定数量的兵力，在他执行计划的过程中，尽可能少加干涉。"如果他的战果不能令人满意，"那么，正当的办法不是对他进行劝说、警告和折磨，而是用另一个司令官替代他"。

艾森豪威尔在这里讲的"琐碎小事"和"尽可能少加干涉"的内容都是有所不为的范畴。战区司令官对那些琐细小事有所不为，是为了集中精力研究整个战区的大事，要在全局上有所为；更高一级的统帅对战区的事情少加干涉，也正是要研究更大的战略问题，在更高的层次、更广泛的意义上有所为。因此，不妨说有所不为才能有所为。

很多人都梦想能拥有一份好工作，这份工作最好是能带来财富、名声、权势和地位，为人称羡。但事实上，在激烈的市场竞争中，已经没有哪一种工作是真正的热门行业，无论何种工作，都无法提供完全的保障。那么如何以不变应万变，取得一份较为实际，同时又富含理想色彩的工作呢？以下建议，你不妨一试：

首先，放长线钓大鱼。没有哪份职业是永远的热门。选择行业要充分考虑自己的兴趣、能力、就业磨合期以及这一职业的未来前景。

其次，以智能求生存。你需要不断充电，不仅要做个专才，更要做复合型人才。

再次，个人主导生活，选择有丰厚收入的工作原本无可厚非，但不能放弃其他的追求，如自由时间、健康和幸福的家庭等。一份相对自由、能充分发挥个人才智的工作将更受人的青睐。

有所为有所不为，有利于集中力量，把宝贵的有限的资源用在最急需的地方，获取最佳的效益；有利于集中人力、物力、财力办更大更重要的事情。

有所为有所不为需要胸有全局，高瞻远瞩。心中无数、虚浮懒散的人做不好有所为有所不为。胸有全局就能分清轻重缓急，做出正确取舍，科学规划，科学设计。高瞻远瞩是考虑得长远，并能以高度的责任感和使命感对待自己的选择。显然，短期行为、急功近利与此格格不入。

有所为有所不为需要有自觉的意识调动一切积极因素，解放智慧。如果无所不管、思想僵化，局面是不会改观的。

自己给自己铺路

天才之路都是自己铺成的，这条路上有天才自己的一颗爱心。

在里约热内卢的一个贫民窟里，有一个男孩，他非常喜欢踢足球，可是家里穷，买不起足球，于是就踢塑料盒，踢汽水瓶，踢从垃圾箱拣来的椰子壳。他在巷口踢，在能找到的任何一片空地上踢。

有一天，当他在一个干涸的水塘里踢一只猪膀胱时，被一位足球教练看见了，他发现这男孩踢得很是那么回事，就主动提出送给他一只足球。小男孩得到足球后踢得更卖劲了，不久，他就能准确地把球踢进远处的随意摆放的一只水桶里。

圣诞节到了，男孩的妈妈说："我们没有钱买圣诞礼物送给我们的恩人，就让我们为我们的恩人祈祷吧。"

小男孩跟妈妈祷告完毕，向妈妈要了一只铲子跑了出去，他来到教练住的别墅前的花圃里，开始挖坑。

就在他快挖好的时候，教练从别墅里走出来，问小男孩在干什么。小男孩抬起满是汗珠的脸蛋，说："教练，圣诞节到了，我没有礼物送给您，我愿给您的圣诞树挖一个树坑。"

教练把小男孩从树坑里拉上来，说："我今天得到了世界上最好的礼物。明天你到我训练场去吧。"

3年后，这位17岁的男孩在第六届世界杯足球赛上独进6球，为巴西第一次捧回金杯，一个原来不为世人所知的名字——贝利，随之传遍世界。

路是人走出来的，而要想走得好一点，你就要为自己铺路。

自己的思想

在清代乾隆年间，有两位书法家。翁位纲极认真地模仿古人，讲究每一笔每一画都要酷似某某，如某一横要像苏东坡的，某一捺要像赵孟頫的。自然，一旦练到了这一步，他便颇为得意。刘石庵则正好相反，不仅苦苦地练，还要求每一笔每一画都不同于古人，讲究自然，直到练到了这一步，才觉得心里踏实。

那么，究竟谁更高明呢？那个故事没说，只是交代了一个情节——有一天，翁方纲嘲讽刘石庵，说："请问仁兄，您的字有哪一笔是古人的？"刘石庵并不生气，而是笑眯眯地反问了一句："也请问仁兄一句，您的字，究竟哪一笔是您自己的？"翁方纲听了，顿时张口结舌。

从创造学的观点看，翁方纲毫无出息，除了没完没了地重复别人，实在是一无所有，可怜至极；刘石庵则孜孜不倦地钻研，造就自己独特的个性，做到了"我就是我"！

齐白石先生有一句名言："学我者生，似我者死。"每一个人都是不同的。正因为个性的差异，才构成人生万象的异彩纷呈，才谈得上相互学习、相互促进、相互吸引。因为个性，自身特点才有独立的价值。

佛招弟子，应试者3人：一个太监，一个嫖客，一个疯子。

佛首先考问太监："诸色皆空，你知道吗？"

太监跪答："知道。学生从不近女色。"

佛一摆手："不近女色，怎知色空？"

佛又考问嫖客："悟者不迷，你知道吗？"

嫖客笑答："知道。学生享尽天下美色，可对哪个都不迷恋。"

佛一皱眉："没有迷恋，哪来觉悟？"

最后轮到疯子了。佛微睁慧眼，并不发问，只是慈祥地看着他。

疯子捶胸顿足，凄声哭喊："我爱！我爱！"

佛双手合十："善哉，善哉。"

佛收留疯子做弟子，开启他的佛性，终成正果。

其实，成功者都是独立的思想者，没有自己思想的人混不出很大的名堂。跟着别人跑，跟着别人学，可能获得一点成功，但不能获得大成功。因此，要根据自己的思想，去思考自己的未来，设计出成功的路线和蓝图。

把握今天

大科学家爱因斯坦曾经说过："我从不去想未来，因为它来得太快了。"而中国道家宣扬"无为以求心净"，这也是有其生活依据的。所谓"无为"并非什么事都不做，而是强调尽力做好眼前的事。

乔治·麦克唐纳也说："有道是，无人曾经沉陷于每日重负之下。唯有把明天的重负加在今天的重负之上时，那个重量才超过一个人所能忍受的限度。"

聪明的人，不会太多地停留在昨天，也不会太多地幻想明天，而是牢牢地把握住今天。因为他懂得时间不因为回忆而增加长度，时间也不因为人的幻想而增加厚度。时间是公平的，富人、穷人，在时间的面前都是平等的。所以，对于来去匆匆的人生，自己要有一个坚实的信念。

对于过去，不要过多地回忆，回忆有时会带来伤感，回忆太多会消磨人的意志。谁都知道，年轻人喜爱梦想未来，老年人都喜欢回忆自己的过去。对于未来，不要有太多想象，不要太过夸张，未来是人们最喜欢的，但又是最不实际的，它是一种兴奋剂。以平常之心对待未来的人之所以活得很好，是他们并不夸饰未来。一加一从来不等于二，或者说，昨天的经验加上今天的奋斗，一定有一个光辉的明天。

只有把握今天，才是人生的绝对哲理！

往日的遗憾可以用今天的成绩来弥补，明日的风景可以用今天的匠心去栽培。今天，为你留下了恣意挥洒的空间，你可以努力想象，尽情发挥。今天，是你奋起直追的起跑线，你可以用冲刺的加速度改写昨日失败的懊悔。

请相信，只要你好好把握住了今天，你理想的天空就不会出现阴霾，你耕耘的田野就会硕果累累，你事业的航船就会一帆风顺，你成功的身后就会留下一座不朽的丰碑。当明日朝阳升起的时候，你就会心情舒畅，坦然面对。

所以，最重要的是把握今天，一步一个脚印，一步一步地前进。千里之行，始于足下，不要嫌弃小事，大事是从小事做起的。不要嫌弃走得慢，走得慢比不走要好。走自己的路，不要东张西望。不要回头，一直走下去。不要先问结果，要问自己的努力和付出。这样才有可能成为真正事业的成功者。

少留恋昨天，多把握今天，更要努力创造明天。

命运在自己的手中

有这样一则故事：

一个生活平庸的年轻人，对自己的人生没有信心，平时经常去找一些"赛半仙"算命，结果越算越没信心。他听说山上寺庙里有一位禅师很是了得，这天他便带着对命运的疑问去拜访禅师，他问禅师："大师，请您告诉我，这个世界上真的有命运吗？"

"有的。"禅师回答。

"噢，这样是不是就说明我命中注定穷困一生呢？"他问。

禅师让这个年轻人伸出他的左手，指着手掌对年轻人说："你看清楚了吗？这条横线叫作爱情线，这条斜线叫作事业线，另外一条竖线就是生命线。"

然后禅师让他自己做一个动作，把手慢慢地握起来，握得紧紧的。

禅师问："你说这几根线在哪里？"

那人迷惑地说："在我的手里啊！"

"命运呢？"

那人终于恍然大悟，原来命运是掌握在自己手里的。

不管别人怎么说，记住，命运在自己的手里，而不是在别人的嘴里！当然，再看看自己的拳头，你还会发现，你的生命线有一部分还留在外面没有被抓住，它又能给你什么启示？命运大部分掌握在自己手里，但还有一部分掌握在"上天"的手里。古往今来，凡成大业者，他们奋斗的意义就在于用其一生的努力去换取在"上天"手里的那一部分"命运"。

俗话说："天下没有免费的午餐。"你只有积极进取、努力争夺，才可能获得满意的结果。如果只是一味地等待机会，就如同躺在床上等待小鸟飞到你的手掌心，这样，伴随你的也只有一次次的失望甚至是绝望了。

那么，现在就握紧自己的手，对自己大声说一句：命运掌握在我自己的手中，而不在别人的手里和嘴里！

改变自己的生活方式

你的成功与否，决定于你所选择的生活方式。

有这样一个故事，一位知名记者正在进行一次采访，被采访者是一个贫困山区的小羊倌。

"你放羊干什么？"

"攒钱。"

"攒钱干什么。"

"娶媳妇。"

"娶媳妇干什么？"

"生娃。"

"生娃干什么。"

"放羊。"

羊倌的想法真是令人悲哀。羊倌的可悲不在于他的穷困，不在于他从事的职业，更不在于他攒钱的方式，而在他陷入一种麻木的生存状况而不自知。

一位30岁出头的女子，是一家皮尔·卡丹专卖店的老板。她来自贫穷的山区，大学毕业后放弃了回家乡工作的机会，毅然留在省城，当过记者，摆过地摊，开过服装店。一次偶然的机会，认识了一位皮尔·卡丹代理商，信心百倍的她东挪西借筹款，在省城闹市区租个门面撑起了一个专卖店。创业之初，她吃住在店里，为了付那里昂贵的租金，她有时一顿饭用一块大馍充饥。热情周到的服务终于让专卖店里有了络绎不绝的顾客，生意红火了，她没下过一次饭店，未买过时尚衣服，仍过着节俭的生活，渐渐地，她口袋里的钱像滚雪球一样一天天多起来。一年前，她把左右邻店兼并过来，同时还招聘了6名员工。已成款姐的她不无真诚地说："都市里到处都能掘到黄金，关键是你要选择好自己的生活方式，如果你觉得自己现在命运不济，那你就应当改变一下目前的生活方式，而不应当整日只知道哀叹命运不济。"

其实，只要细心地观察一下四周，你就会发现：在都市的每个角落，确实生活着很多精力旺盛的乡下人，在高高的脚手架上、在酒店、在商场、在快餐店、在书摊……他们从事着或复杂或简单的工作，以乡下人的勤劳与质朴，以乡下人顽强的生存能力，挤进了钢筋水泥混凝土构筑的城堡，开拓一块哪怕是极小的天地，并且有滋有味地活着；而那些一生下来就有了城市户口的城里人，在失去了铁饭碗之后，却连一条求生存的路也找不到。比起进军都市的乡下人，一些城里人已经输了，并且输得很惨。

即使我们拥有骄人的文凭、城市的户口、住房，面对下岗或分流，我们唯有不断拓展生存空间，谋求适合自己的发展方式，不断地刷新自己，创新未来，才有可能处变不惊，才可以在繁华褪尽后重新镀亮人生。

一个人有无前途，不取决于拥有多少财富，而是取决于其是否具有发展观念。当你正津津乐道于已经拥有车子房子票子的时候，千万别忘了，你也许还是一个羊倌！

将欲取之，必先予之

春秋战国时候，魏国的信陵君为人忠厚仁义、善于成人之美。

他的门客达到 3000 多人。其中有一位叫侯生的门客，屠户出身，因而受到其他门客及家人的嘲弄与鄙视，而信陵君以士之礼待之，一视同仁，毫无嫌弃和厌恶之感。相反，还尊重他的意见，满足他的要求。

公元前 248 年，秦国围攻赵国都城邯郸，赵王数次遣使向魏求救。魏王怕引火烧身而不敢发兵，但是在各国一片合纵抗秦的呼声下，他只好派大将晋鄙率领 10 万人象征性地救援，虽大造声势，实则驻军于邺下，停滞不前。

信陵君多次请求魏王催促晋鄙进兵，魏王不听。他一怒之下，带领自己的 1000 多门客准备与秦军决一死战。临别找侯生，侯生却一反常态，对信陵君赴汤蹈火无动于衷。

一怒之下，公子行出数里。可是越想越不对劲，于是就想回头问个明白。原来侯生使的是欲扬先抑之计，他故作冷淡，使信陵君诧异，然后再提出自己的意见。侯生指出这样行动无异于以卵击石，与其铤而走险，不如偷来兵符，操纵军队。最后在好友朱亥的帮助下，终于盗得了兵符并取得了晋鄙的兵权。

信陵君传令全军："父子俱在军中者，父归；兄弟俱在军中者，兄归；独子无兄弟者，回家赡养父母；有疾病者，留下治疗。"这一成人之美的命令深得人心，最后集合得 8 万精兵，加上千余门客，个个斗志昂扬，最后大败秦军。

从这里我们可以看到信陵君的成功并非偶然，他的仁义为人、成人之美的大度使他在遇到困难时，很多人都愿意帮助他，甚至为他拼死卖命。其中的道理，不言自明。

从以上历史故事中我们得到启迪：要想获得，必须先给予，为了让别人归心于自己，首先要做到成人之美。成人之美，胜造七级浮屠。给予别人，就是给予自己。

改变自己才能改变世界

从前有个皇帝，很喜欢到自己的国土上四处巡视。每天这样走来走去，两只脚生了泡，痛得要死。他觉得很愤怒，就要求下属把自己的国土全铺上地毯。现织地毯是来不及了，就杀掉牛，剥了牛皮铺在地上，牛杀光了，还不够，然后就杀猪杀羊，最后连老鼠都杀了剥皮，也只能覆盖京城周围一带。皇帝更加愤怒，告诉大臣，如果不行就杀人剥人皮来铺。

一个大臣觉得这也不是办法，就小心翼翼地跟皇帝说："您就是真的把国民通通杀光，估计也不够用的，您为什么不用一小块牛皮把自己的脚包起来呢？"皇帝觉得有道理，弄来一块牛皮试了一下，果然走再远的路，脚也不会再痛了。就这样，世界上第一双皮鞋诞生了。

有时候我们常常会抱怨这个世界不公平，其实往往是自身的原因。有时候我们常常幻想改变世界，结果却碰得头破血流，尝试一下改变自己，世界很可能就会变得美好起来。

在威斯敏斯特教堂的地下室里，英国圣公会主教的墓碑上有一段话：

"当我年轻自由的时候，我的想象力没有任何局限，我梦想改变这个世界。

"当我渐渐成熟明智的时候，我发现这个世界是不可能改变的，于是我将眼光放得短浅了一些，那就只改变我的国家吧！

"但我的国家似乎也是我无法改变的。

"当我到了迟暮之年，抱着最后一丝努力的希望，我决定只改变我的家庭、我亲近的人——但是，唉！他们根本不接受改变。

"现在在我临终之际，我才突然意识到：如果起初我只改变自己，接着我就可以依次改变我的家人；然后，在他们的激发和鼓励下，我也许就能改变我的国家。再接下来，谁又知道呢，也许我连整个世界都可以改变。"

要想获得新生活，就必须改变自己，勇于突破，而不能总是原地踏步。当你抱着积极的心理态度时，世界在你面前势必会低头。

第二章

学会选择，懂得放弃：搬开心里的石头

在选择与放弃间收获幸福

幸福就是学会选择，懂得放弃。

我们常听到老人们提起他们的小时候，说那时虽然吃不饱、穿不暖，却觉得生活得很幸福；也常听自己的同龄人抱怨，抱怨生活中有太多的抉择，以至于幸福就在抉择中溜走了。也许是我们的生活比起父辈的来说过于琳琅满目；也许是杂乱的物质让我们的思想变得越来越复杂，在光怪陆离的生活中我们丢掉了幸福。殊不知，简单的幸福就是学会选择，懂得放弃。

人生中，左右为难的情形会时常出现，比如：面对两份同具诱惑力的工作，两个同具诱惑力的追求者，为了得到其中一个，我们必须放弃另外一个。若过多地权衡，患得患失，到头来将两手空空、一无所得。我们不必为此感到悲伤，因为能抓住人生一半的美好就已经足够幸福了。

两个朋友一同去参观动物园。动物园非常大，他们的时间有限，不可能参观完所有的动物。他们便约定：不走回头路，每到一处路口，选择其中一个方向前进。第一个路口出现在眼前时，路标上写着一侧通往狮子园，一侧通往老虎山。他们琢磨了一下，选择了狮子园，因为狮子是"草原之王"。又到一处路口，分别通向熊猫馆和孔雀馆，他们选择了熊猫馆，熊猫是"国宝"嘛……

他们一边走，一边选择，每选择一次，就放弃一次，遗憾一次。因为时间不等人，如不这样做他们遗憾将更多。只有迅速做出选择，才能减少遗憾，得到更多的收获，得到幸福的感觉。

幸福在选择中诞生，然而在选择和取舍时却必须要有理性、睿智和远见卓识，不可鼠目寸光，不可急功近利，更不可本末倒置、因小失大。选择不是一锤子的买卖，不能因为一粒芝麻丢了西瓜；不能因为留恋一棵小树而失去整片的森林。

很多时候，我们总是想选择这个，却害怕错过那个，于是拿起来又放下，到最后一刻还在犹豫。认为这个会有这样的缺点，那个会有那样的不足，所以总迟迟下不了决心，或者选择之后，又来回地更改，时间和精力都在患得患失之间被耽搁了，幸福也从指间流走。世界上没有十全十美的东西，每一样东西都会有它自身的缺点，所以，当我们选择之后就应大胆地往前走，而不是走一步三回头，因为这在很大程度上会影响前进的速度。

而那些事业有成之士，总会在抉择之后一直走下去。释迦牟尼在宗教事业和王位之间，选择了创立佛教；鲁迅在拯救人的灵魂和人的身体之间选择了成为一代文豪；迈克尔·乔丹放弃了棒球运动员的梦想，成了世界篮坛上最耀眼的"飞人"球星；帕瓦罗蒂放弃了教师职业，成了名扬世界的歌坛巨星。

人生的大多数时候，无论我们怎样审慎地选择，终归都不会尽善尽美，总会留有缺憾，但缺憾本身也是一种美。有些选项看似诱人，但如果不适合自己，那就要果断舍弃。做出什么样的选择，要视自身条件和具体情况而定，要有自己的主见。

人生就像一张茶几，上面摆满了杯具，然而却时常有人把自己的人生过成"餐具"，只有那些懂得舍弃、懂得选择的人，才能最终把自己的人生变成"洗具"，因为幸福就是学会选择，懂得放弃。

处于岔道口，做好选择

人生有不同的滋味，想要品尝到什么样的滋味，一切在于自己的选择。

龙到地上的时候，四爪着地，还有一爪抓着明珠不放；而蛟一落地，四爪抓住种种繁华，贪恋尘世，从此不愿离开。一个有明珠，自然其心光华，再次飞升；一个无明珠照耀，内心渐生污浊，想要再得飞升便很难了。所以，人们只知争论龙与蛟的区别，究竟是五爪还是四爪。殊不知更大的分歧在于二者对生活的态度。

古今中外，许多能影响千秋万世、在后世被称贤称圣的伟人，在当时处境都很凄凉寂寞。之所以会这样，原因就在于选择，孟子之所以寂寞，是因为他选择了为王道政治而奔走。

《史记》一书中，司马迁为孟子这个选择的后果作了很好的注解。

孟子奔走于各个国家，都被作为一个摆设受到冷遇，而与他同时代的邹衍却是风光无限。"是以邹子重于齐。适梁，惠王郊迎，执宾主之礼。适赵，平原君侧行避席。如燕，昭王拥碧先驱，请列弟子之座而受业，筑碣石宫，乡亲往师之。"邹衍在齐国极受尊敬，连一般的知识分子，在他的影响下，也受到了齐王的敬重和优待。

无论是孟子，还是邹衍，都是治世之才。孟子是圣人，邹衍也不是欺世盗名之辈，只是二人坚持的思想不同，恰好一人的思想主张与当世君王的意愿相符，从而得到重用；而另一位却因其思想是功在当代，利在千秋，不能为当时的君主们所接受而已。同一时代的杰出人士却有不同的命运，原因只在选择的不同。

人一生中不可避免地要面对选择。在选择之前，未来是不确定的；在选择之后，你所做的选择就成了既定的事实。即使有无数人来对你的选择进行评价和争吵，都不能改变你已经做出的选择。

人生必须面临选择，而选择不同的路就会造就不同的人生。

颜回和子贡同为孔子的弟子，二人的遭遇却大不相同。

颜回是孔子最得意的弟子，他出身贫寒，自幼生活清苦，却能安贫乐道、不慕富贵；他性格恬静、聪明过人、长于深思，孔子所讲的许多高深道理，他能完全理解，且能"闻一知十"。颜回跟随孔子周游列国，过匡地遇乱及在陈、蔡间遇险时，子路等人都对孔子的学说产生了怀疑，而颜回始终坚持不渝。不幸的是，颜回早逝，孔子对他的早逝感到极为悲痛，不禁哀叹说："噫！天丧予！天丧予！"颜回一生没有做过官，也没有留下传世之作，他的只言片语，被收集在《论语》等书中，其思想与孔子的思想基本是一致的，后世尊其为"复圣"。孔子在颜回逝世之后感叹道："贤哉，回也，一箪食，一瓢饮，身在陋巷，人不堪其忧，回也不改其乐。贤哉，回也！"

孔子的另一位弟子子贡也博学多才，洞察时势，能言善辩，在经商和社会活动方面都很有成就。《史记·货殖列传》共载十七人，子贡列在第二。子贡善于掌握市场信息，并"与时转货赀"，在商业经营中取得巨大成功。他"常相鲁卫，家累千金""富可敌国"。子贡经商是与政治目的相联系的。他经常"结驷连骑，束帛之币以聘诸侯""所至，国君无不分庭抗礼"。越王勾践甚至"除道效郊，身御至舍"。正因为经商致富，他才有显赫的政治地位和广泛的社会影响力。

正如颜回和子贡，不同的人因价值观和世界观不同而选择了不同的生活，也造就了不同的结果。著名哲学家阿纳哈斯说："人生有不同的滋味，想要品尝到什么样的滋味，一切在于自己的选择。"

人生就像是一条路，你所做的每一次选择就是这路上的一个岔道口，它们不停地延伸，把你带向生命的终点。只有到了你要离开这个世界的那一瞬间，你才会知道自己归于何处。到了那个时候，你心中会或多或少地有着某种遗憾或是懊悔："当初，如果我……就好了。"但你却永远也无法再次回到起点。决定成败的往往不是起点，而是人生的岔路口，选择好了，前途是坦途；没选择好，前途是坎途。

所以，如何走人生这条路，那就看你一开始的选择是怎样的。上苍很公平，它给我们选择的权利，但有一得必有一失，一旦做了选择，我们就要做好接受一切的准备，不论选择的结果如何。

所谓"条条大路通罗马"，其实世间的道路并非条条都是大道，正如人生之路，有的崎岖坎坷，有的平步青云。走哪条路，我们要慎重选择。选择一条专属于自己的路。事实告诉我们，大多数成功正是来源于我们当初所做出的正确选择。

人生岔路口，关键时刻，我们都要做好选择，才能无悔于心。

正确的方向比努力更重要

一粒种子的方向是冲出土壤，寻找阳光。

"没有比漫无目的地徘徊更令人无法忍受。"这是《荷马史诗》中的《奥德赛》里的一句至理名言。高尔夫球教练也总是说："方向是最重要的。"其实，人生何尝不是如此？然而在现实生活中，有很多人都做着毫无方向的事情，过着漫无目的的生活。这种没有方向的人生注定是失败的人生。

人生并不是什么时候都需要坚强的毅力，毅力和坚持只在正确的方向下才会有用。在必败的领域，毅力和坚持只会让人南辕北辙，输得更惨。大多数情况下，人更需要的是分辨方向的智慧。

20世纪40年代，有一个年轻人，先后在慕尼黑和巴黎的美术学校学习画画。"二战"结束后，他靠卖自己的画为生。

一日，他的一幅未署名的画被他人误认为是毕加索的画而出高价买走。这件事情给了他启发。于是他开始大量地模仿毕加索的画，并且一模仿就是20多年。

20多年后，他一个人来到西班牙的一个小岛，他渴望安顿下来，筑一个巢。他又拿起画笔，画了一些风景和肖像画，每幅都签上了自己的真名。但是这些画过于感伤，主题也不明确，没有得到认可。更不幸的是，当局查出他就是那位躲在幕后的假画制造者，考虑到他是一个流亡者，所以只判了他两个月的监禁。

　　这个人就是埃尔米尔·德·霍里。毋庸置疑，埃尔米尔有独特的天赋和才华，但是由于没有找准自己努力的方向，终于陷进泥淖，不能自拔。最可惜的是，他在长时间模仿他人的过程中渐渐迷失了自己，再也画不出真正属于自己的作品了。

　　对人生而言，努力固然重要，但是更重要的是选择努力的方向。

　　有一个年轻人，痴迷于写作。他每天笔耕不辍，用钢笔把稿件誊写得清清楚楚，寄给各地的杂志社、报社，然而，投出的稿子不是泥牛入海，就是只收到一纸不予采用的通知。他很苦恼，拿着稿子专门去请教一位名作家。作家看了他的稿子，只说了一句话："你为什么不去练习书法呢？"

　　5年后，他凭着自己出众的硬笔书法作品加入了省书法协会。

　　一粒种子的方向是冲出土壤，寻找阳光。人生亦如此，正确的方向让我们事半功倍，而错误的方向会让我们误入歧途，甚至误人一生。

　　对高尔夫球手来讲，方向就是门洞所在的位置，就是要击的下一个球；而对于人生而言，方向就是目标，就是朝着长远目标的方向逐步实现、完成的一个个小目标。

　　耶鲁大学历时20余年做了这样一项调查：在开始的时候，研究人员向参与调查的学生问了这样一个问题："你们有目标吗？"对于这个问题，只有10%的学生确认他们有目标。然后，研究人员又问了学生第二个问题："如果你们有目标，那么，你们是否把自己的目标写下来了呢？"这次总共有4%的学生的回答是肯定的。20年后，当耶鲁大学的研究人员在世界各地追访当年参与调查的学生时，他们发现，当年白纸黑字把自己人生目标写下来的那些人，无论是从事业发展还是生活水平上说，都远远超过了那些没有这样做的同龄人。不说别的，这 4% 的人所拥有的财富居然超过余下 96% 的人的总和。

上帝是公平的，它给予我们每个人一样的天空、一样的阳光、一样的雨露、一样的每天 24 小时。成功的人之所以能实现生命的梦想，关键是他们在每次起程的那一刻就找准了前行的目标，尽管在前行的道路上，会遇到各种各样难以预料的挫折与磨难，但是有了方向的引领，再大的风雨也阻挡不了他们前行的脚步。古今中外，无数名人志士，无一不是在明确的人生方向的指引下，拨开云雾，实现自己的目标。

著名的物理学家爱因斯坦在 5 岁的时候，父亲送给他一个罗盘。当他发现指南针总是指着固定的方向时，感到非常惊奇，觉得一定有什么东西深深地隐藏在这现象后面，他顽固地想要知道指南针为什么能指南。从那时起，他就把对电磁学等物理现象的研究作为他人生的方向，并一直执着地追求这个目标，终于成了世界物理学科的"旗手"。

人生的方向，因人而异，各有不同。找准方向，是让我们根据自己的实际情况，确立一个合理的目标，而不是不切实际地空想；找准方向，我们才能在生命的征程中沿着既定轨迹稳步前行；找准方向，我们才能用一生的力量，实现自己的梦想。

昨天的种子决定今天的果实

成功不在于我们身在何处，而在于我们朝着哪个方向走，能否坚持下去。

有一个非常勤奋的青年，很想在各个方面都比身边的人强。但经过多年的努力，仍然没有长进，他很苦恼，就去向智者请教。

智者叫来正在砍柴的三个弟子，嘱咐说："你们带这个施主到五里山，打一担自己认为最满意的柴。"年轻人和三个弟子沿着门前湍急的江水，直奔五里山。

等到他们返回时，智者正在原地迎接他们。年轻人满头大汗、气喘吁吁地扛着两捆柴，蹒跚而来；两个弟子一前一后，前面的弟子用扁担左右各担四捆柴，后面的弟子轻松地跟着。正在这时，从江面驶来一个木筏，载着小弟子和八捆柴，停在智者的面前。

年轻人和两个先到的弟子，你看看我，我看看你，沉默不语；唯独划木筏的小弟子，与智者坦然相对。智者见状，问："怎么啦？你们对自己的表现不满意？""大师，让我们再砍一次吧！"那个年轻人请求说，"我一开始就砍了六捆，扛到半路，就扛不动了，扔了两捆；又走了一会儿，还是压得喘不过气，又扔掉两捆；最后，我就把这两捆扛回来了。可是，大师，我已经很努力了。"

"我和他恰恰相反，"那个大弟子说，"刚开始，我俩各砍两捆，将四捆柴一前一后挂在扁担上，跟着这个施主走。我和师弟轮换担柴，不但不觉得累，反倒觉得轻松了很多。最后，又把施主丢弃的柴挑了回来。"

划木筏的小弟子接过话，说："我个子矮，力气小，别说两捆，就是一捆，这么远的路也挑不回来，所以，我选择走水路……"

智者用赞赏的目光看着弟子们，微微颔首，然后走到年轻人面前，拍着他的肩膀，语重心长地说："一个人要走自己的路，本身没有错，关键是怎样走；走自己的路，让别人说，也没有错，关键是走的路是否正确。年轻人，你要永远记住：选择比努力更重要。"

生活中有很多人都在从事着自己并不喜爱的职业，于是总会发出"我也很努力，但就是做不到最好"的感慨。有的人会指责说这话的人工作态度有问题，要真努力工作了，岂有做不好之理？其实归根结底并不是这些人不够爱岗敬业，而是职业本身并不是他们最适合的。换言之，要想真正把一项工作做得得心应手，就要选择正确的人生目标。那么，原来选错了怎么办？不要犹豫，放弃它，去把握属于我们自己的正确方向。

一个人就是一条奔腾不息的河流，一路上我们需要跨越生命中的重重障碍，才能有所突破、有所进步。在这个过程中，有一点很重要，就是要清楚我们到底要的是什么。如果只是为了工作而工作，为了不闲着而去忙，那么，我们碌碌地走完半生，回忆起来会猛然觉得自己既对不起时间，也对不起自己。

人生的悲剧不是无法实现自己的目标，而是不知道自己的目标是什么。成功不在于我们身在何处，而在于我们朝着哪个方向走，能否坚持自己的目标。没有正确的目标，就永远不会到达成功的彼岸。

有一位美国青年无意间发现了一份能将清水变成汽油的广告。

这位美国青年喜欢搞研究，满脑子都是稀奇古怪的想法，他渴望有一天成为举世瞩目的发明家，让全世界的人都能享用他的发明创造。

　　所以，当他看到水变汽油的广告时，马上买来了资料，把自己关在屋子里，不接待任何客人，电话线掐断，手机关机，总之一切与外界的联系都被他切断了。他需要绝对的安静，需要绝对的专心，直到这项伟大的发明成功。

　　青年夜以继日地研究，达到了废寝忘食的程度。每次吃饭的时候，都是母亲从门缝里把饭塞进来，他不准母亲进来打扰他。他常常是两顿饭合成一顿吃，很多时候都把黑夜当作黎明。善良的母亲看见自己的儿子越来越瘦，终于忍不住了，趁儿子上厕所的时候，溜进他的卧室，看了他的研究资料。母亲还以为儿子的研究有多伟大，原来是研究水如何变成汽油，这简直是不可能的事情。

　　母亲不想眼睁睁地看着儿子陷入荒唐的泥淖无法自拔，于是劝儿子说："你要做的事情根本不符合自然规律，别再瞎忙了。"可这位青年压根儿就不听，他头一昂，回答说："只要坚持下去，我相信总会成功的。"

　　5年过去了，10年过去了，20年过去了……转眼间，那位青年已白发苍苍，父母死了，没有工作，他只能靠政府的救济勉强度日。可是他的内心却非常充实，屡败屡战。

　　一天，多年不见的好友来看他，无意间看到了他的研究计划，惊愕地说："原来是你！几十年前，我因为无聊贴了一份水变汽油的假广告。后来有一个人向我邮购所谓的资料，原来那个人就是你！"

　　他听完这一番话，立刻疯了，最后住进了精神病院。

　　因为有太多坚持到底的故事，所以我们一直以为坚持就是好的，而放弃就是消极的。其实坚持代表一种顽强的毅力，它就像不断给汽车提供前进动力的发动机。但是，在前进的同时还需要一定的技巧，如果方向不对，则只会越走越远，这时，只有先放弃，等找准方向再重新努力才是明智之举。这就是水变汽油的悲剧带给我们的启示。

21世纪的今天，选择有时候比努力更重要，昨天我们选择播撒什么样的种子，今天我们就会收获什么样的果实。选择不对，努力白费。所以，我们每天都应该问自己：我做出正确的选择了吗？

择优而选，人生没有后悔

选择是人生的一种状态，有选择就会有放弃，放弃也是一种智慧。

"九德"中有一德叫"扰而毅"，即头脑灵活而有毅力。但是生活中多半人没有达到这种标准，往往是头脑灵活却没有毅力，或者是有毅力却不灵活。前一种人灵活有余，做小事成功的不少，但是难成大事情；后一种人由于太不会变通，有毅力也难成大事。

生活中，固执者坚持己见，缺乏变通的智慧，因而常常正邪不分、忠奸不辨。没有见识，就不能观其人、听其言、察其行，因此就不能知彼知己，不能客观、公正地判断人或事，这样势必后患无穷。

"滴水穿石""绳锯木断"，它们无一不在说明坚持不懈带来的成功，"半途而废"的行为让人唾弃、为人不齿。然而生活中有些事情却需要"半途而废"，即在适当的时候变通，不钻牛角尖，不一条路走到黑，不固守一成不变的东西，这也是人生应该掌握的智慧。

人不仅要学会变通，还要懂得选择，懂得舍得之间的智慧。有首诗说"手把青秧插满田，低头便见水中天。心底清净方为道，退步原来是向前"。有时不切实际地一味执着，是一种愚昧与无知，因为一旦方向错了，前进就是退步，退步反而是进步，这也就是为什么人们常说放弃是一种智慧。一个东西如果不值得坚持的话，那就应该果断地放弃。

可是能够完全放下的人不多。西方有句谚语：你有所选择，同时你就有所失去。这在西方经济学上叫作机会成本，你因为选择而放弃的那些东西，就是你的机会成本。这是客观存在的，是一种交换。可是很多人就是想鱼和熊掌兼得，想同时看到硬币的正反面。

有个成功的商界女士在她的文章里写道："几年之前，悔恨放弃了美好世界的一切，只为了追求与他的爱情。几年之后，悔恨放弃了一个好男人，说是追求自己的成就。可是现在自己站在顶楼办公室的落地窗前，又如何？两者之间真的不能兼得吗？"既然选择了，那就必然会放弃权衡过的应该放弃的东西，那为什么还要后悔呢？我们能做的就是放弃我们所应该放弃的，然后追求我们想得到的，人生也就没有后悔了。

舍得，这两个字是分不开的，有舍才有得。决定了就别反悔，生命的火车是不等人的。在我们作决定的同时，实际上我们就在失去。我们唯一能够做的，就是想清楚，我们所选择的是不是真的比我们要放弃的还重要。很多人后悔不是因为现在的状况不如以前，而是因为他当时选择的时候，根本没有想清楚将来的状况会不如当初。

上一次选择的方向决定了下一次选择的方向，如果发现方向错了，不妨迅速收住，做你认为正确的。当局者迷，旁观者清。我们很多时候应该聆听别人的建议，以选择最优的方案，如果只是活在自己的世界里，那就很可悲了。

人一生中会碰到很多次选择，因此重要的是尽可能选择适合你的。如果发现方向错了，就应该马上停下来，不能再前进了。如果选择了不适合的，却一直坚持，那结果就只能是南辕北辙，坚持得越久失败得越惨。扰而毅，缺一则废。

人生就应当学会选择，懂得放弃，在舍与得间选择最佳的人生路。

在鱼与熊掌间理智取舍

取舍，是我们一生的功课。

孟子曰：鱼我所欲也，熊掌亦我所欲也，二者不可得兼，舍鱼而取熊掌者也。孟子认为当人必须在两者之间做取舍选择的时候，要两者取其重，舍掉相对轻的一方。这段关于鱼和熊掌的发论成为千年以来的名篇，其原因即在于孟子对于取舍的精彩论断。

有人在空地上洒了些蜜，许多苍蝇赶来，因舍不得走被蜜粘住了脚，再也飞不起来。苍蝇因为舍不得放弃而丧失了行动的能力，人有时候何尝不是这样，因为舍不得放弃，结果失去了更多的东西。

有取就有舍，而有舍才有得。人们往往只是看到了他人舍去世俗的荣华富贵和荣誉地位，却忽略了他舍弃这些东西背后所得到的更加珍贵的东西。这种舍弃，便达到了宁静而豁达的境界。

所以说，做人要有所为有所不为，明智的取舍是很重要的。

要做到如孟子所说的那样能在鱼与熊掌间理智取舍，其实并没有人们想象的那么难。现实中，我们需要的也许只是一点理智、一点坚忍。成功的人之所以成功，是因为他们知道该做什么，不该做什么；什么应该坚持，而什么又该舍弃。

中国雅虎前任总裁曾鸣曾说："一个臭的决策往往是很容易就决定了，而一个好的决策往往在一时之间难以取舍，这是因为你不知道它到底是对的还是错的。"

其实，一个领导者的决策过程就是舍与得的取舍过程。就像阿里巴巴，它在取舍方面就有好与坏之分。马云为了使阿里巴巴成为世界上最好的电子商务平台，多年来一直"舍得"让新开展的业务处于亏损状态。

在 2007 年的年会上，马云指出阿里巴巴目前的主要任务是做大规模，而不是赚钱，尤其是对淘宝和支付宝而言。他让大家忘掉钱，忘掉赚钱，不要在意外界对阿里巴巴的负面评价。很多人都很关注阿里巴巴的淘宝网收费的问题，马云的想法很简单，他认为淘宝如果要真正想赚钱，首先要考虑的是淘宝是否帮别人真正赚了钱。所以说，淘宝现在收费的时机还尚不成熟，因为它的市场还需要培育。举个例子，如果阿里巴巴在路上发现了很多的小金子，于是它不断地捡起来，当它浑身装满了金子的时候它就会走不动，这样的话它就永远到不了金矿的山顶。另外，马云认为淘宝收费是需要有一点创新的，因为所有模仿的东西都不会超出预期值很多，就像谷歌能超出人们期望的高度就是因为它的创新，全球最大门户网站雅虎也是靠自己的创新最终大获成功的。

自从淘宝成立以来，它每年的交易额以 10 倍的速度迅速增长，仅 2007 年上半年的交易额就达到了 157 亿元，网站注册会员超过4000 万人，在中国 C2C 市场中的份额几乎达到了 80%。面对这样卓越的成绩，淘宝却说："我们现在的规模连婴儿都不是。"他们认为只有当淘宝的交易额可以与传统的商业巨头，像国美、沃尔玛等相媲美时，淘宝才是真正面向个人用户电子商务的未来所在。

马云的这种舍弃小利益，为社会创造更高价值的理念，使得他把握住了互联网的命脉。同时，正是基于对电子商务的坚定信念，马云立志在不久的将来要把阿里巴巴做成世界十大网站之一，从而实现"只要是商人，就一定要用阿里巴巴"的目标。

马云正是知道什么时候该舍弃、什么时候该坚持，才一步步地走到了今天。

相信所有的人对于世间美好的事物都是十分向往的，可是鱼与熊掌不可兼得，如果说我们面前有一棵树，远处依然有广阔的森林等着我们。而舍弃的含义就是不为了一棵树而放弃整片森林。而舍不舍得、怎样去舍，以及怎样去得，就全看我们自己了。取舍，是我们一生的功课。

学会放弃的哲学

学会放弃，是一种人生的哲学，能够做到敢于放弃，那是一种生存的魄力，更是一种良好的心态。

人生在世，喜欢的东西是无尽的，但不是所有我们喜欢的东西都一定要据为己有。很多人为自己得不到的东西而殚精竭虑、失魂落魄，在无尽的追逐中，偏离了原本属于自己的人生轨道，最后失去了更多的东西。古语有云："有果必有因，缘起缘落，是你的终究是你的，不是你的，强求也得不来。"

有个书生和未婚妻约好在某年某月某日结婚。但到了那一天，未婚妻却嫁给了别人，书生为此备受打击，一病不起。

这时，一位过路的僧人得知这个情况，就决定点化一下他。僧人来到他的床前，从怀中摸出一面镜子叫书生看。书生看到茫茫大海，一名遇害的女子一丝不挂地躺在海滩上。一人路过，看了一眼，摇摇头走了。又一人路过，将衣服脱下，给女尸盖上，走了。再一人路过，挖个坑，小心翼翼地把尸体埋了。书生正疑惑间，画面切换。

书生看到自己的未婚妻，洞房花烛，被她的丈夫掀起了盖头。书生不明就里，就问僧人。僧人解释说："那具海滩上的女尸就是你未婚妻的前世。你是第二个路过的人，曾给过她一件衣服。她今生和你相恋，只为还你一个情。但她最终要报答一生一世的人，是最后那个把她掩埋的人，那个人就是她现在的丈夫。"书生听后，豁然开朗，病也渐渐地好了。

书生为什么会病倒？就是因为他太在乎、太执着，对自己的未婚妻始终放不下，当僧人帮他解释了未婚妻的情况后，他就能从心底将这件事放下了，了解了前后因果，那么心病自然也就好了。

放弃了一段成就不了的无缘爱情，书生才能够获得新生。我们的生活中其实并没有那么多无谓的执着，更没有太多的不能割舍。人的一生不可能什么都得到，放弃了条件丰厚、优越的城市生活，才能够过清净宜人、悠然自得的生活；放弃了大量的闲暇时间，去努力拼搏，才能够听到成功后祝贺的掌声；放弃了娇嫩的皮肤，整日在烈日的暴晒下练习，才能成为赛场上的一名田径运动员。

学会放弃，是一种人生哲学，能够做到敢于放弃，那是一种生存的魄力，更是一种良好的心态。

有一个人出门办事，跋山涉水，好不辛苦。有一天经过险峻的悬崖，一不小心掉下悬崖。

眼看生命危在旦夕，此人双手在空中攀抓，刚好抓住崖壁上枯树的老枝，总算保住了性命，但是人悬荡在半空中，上下不得，正在进退维谷、不知如何是好的时候，忽然看到慈悲的佛陀，站立在悬崖上慈祥地看着自己。此人如见救星般，赶快求佛陀说："佛陀！求求您救救我吧！"

"我救你可以，但是你要听我的话，我才有办法救你上来。"佛陀慈祥地说。

"佛陀！到了这种地步，我怎敢不听您的话呢？随您说什么，我全都听您的。"

"好吧！那么请你把攀住树枝的手放下！"

此人一听，心想，把手一放，势必掉入万丈深坑，跌得粉身碎骨，哪里还保得住性命？因此更加抓紧树枝不放，佛陀看到此人执迷不悟，只好离去。

放弃，是一种人生境界，只有超然生命的顿悟，才能够让自己获得重生。人处在生命的紧要关头，往往会因为怕死而无谓牺牲，其实有时候放弃了手上的救命稻草，往往是另一种生机。

人生亦是如此，当生活强迫我们必须在两难境地做出生死抉择的时候，必须要放弃眼前的心安，来争取全局。放弃是一种远见，放弃是一种智慧。有所放弃，才会有所收获，才能将对自己的损害减到最少，最大地保全自己。有所放弃，才能发现自己执着的人生背后还有另一片天空。学会放弃，便会迎来另一种机遇，另一个精彩的世界。

舍鲜花之绚丽，得果实之香甜

不舍弃鲜花的绚丽，就得不到果实的香甜；不舍弃黑夜的温馨，就得不到朝日的明艳。放弃与获取是一对矛盾的统一体。没有放弃就没有获取；得到的同时必然也会失去。很多聪明人明白这一道理，从不患得患失，更没有过多欲望，他们敢于放弃，所以无论干什么，都能取得成功。

学会选择，懂得放弃是利益的权衡之道，而放弃则是智者面对生活的明智选择，只有懂得何时放弃的人才会事事如鱼得水。生活中，有时不好的境遇会不期而至，令我们猝不及防，这时我们更要学会放弃。

迈克·莱恩是一名探险队员。1976 年，他随英国探险队成功登上珠穆朗玛峰。就在他们下山的时候，天开始下大雪，每行一步都极其艰难，最让他们害怕的是风雪根本就没有停下来的迹象。当整个探险队陷入迷茫的时候，迈克·莱恩率先丢弃所有的随身装备，只留下不多的食品，轻装前行。他的这一举动几乎遭到所有队员的反对，他们认为现在到山下最快也要 10 天时间，这就意味着这 10 天里不仅不能扎营休息，还可能因缺氧而使体温下降导致冻坏身体，那样，他们的生命就要受到威胁。

面对队友的顾忌，迈克·莱恩坚定地说："我们必须而且只能这样做，这样的雪山天气 10 天甚至半个月都有可能不会好转，再拖延下去路标也会被全部掩埋。丢掉重物，就不允许我们再有任何幻想和杂念，只要我们坚定信心，徒手而行就可以提高行走的速度，也许这样我们还有生的希望！"最后，队友们采纳了他的建议，大家一路互相鼓励，忍受疲劳、寒冷，不分昼夜，只用了 8 天时间就到达安全地带。恶劣的天气确实正像莱恩所预料的那样从未好转过。

这一年，伦敦英国国家军事博物馆负责人找到迈克·莱恩，请求他赠送给博物馆任何一件与英国探险队当年登上珠峰有关的物品，莱恩毫不犹豫地将他那次下山时因冻坏而被截下的 10 个脚趾和 5 个右手指尖交给了他。

正是莱恩当年一次正确的放弃，才挽救了所有队友的生命；也因为这个选择，他的登山装备无一保存下来，而冻坏的指尖和脚趾却在医院截掉后留在了身边。这是博物馆收到的最奇特而又最珍贵的赠品。莱恩的经历正像一首小诗所写的：

不舍弃鲜花的绚丽，就得不到果实的香甜；

不舍弃黑夜的温馨，就得不到朝日的明艳。

自然界是这样，人生也是这样，在几十年的漫漫旅途中，有山有水，有风有雨，有舍弃"绚丽"和"温馨"的烦恼，也有获得"香甜"和"明艳"的喜悦，人生就是在舍弃和获得的交替中得到升华，从而到达高层次的大境界。从这个意义上来说，获得很美丽，舍弃也很美丽。

人是有思维、会说话的"万物之灵"，理所当然要比动物更懂得生活中舍弃与获得的道理，必要的舍弃是为了更好地获得。"万事如意""心想事成""只有想不到，没有办不到"，这些话只是一种外交辞令、朋友间自欺欺人的祝贺用语、一厢情愿的心理满足罢了。它们在生活中是不存在的，因为它们不符合生活的辩证法。

有人说，人生之难胜过逆水行舟，此话不假。人生在世，不如意的事情十之八九，获得和舍弃的矛盾时刻困扰着我们，明白了舍弃之道和获得之法，并运用于生活，我们就能从无尽的繁难中解脱出来，在人生的道路上进退自如。

不知是哪一位哲人说过：人生最远的距离是"知"和"行"。有舍弃才有获得，道理谁都懂，可是要照着去做，可不容易。因为外面的世界很精彩，舍弃很痛苦。精彩的世界里充满诱惑，要舍弃的事情往往很美丽，让人不知道哪些是该获得的、哪些是该舍弃的。

生活在尘世中的人们，有一种可怕的心理，就是"终朝只恨聚无多"，干什么都想赢，舍弃谈何容易？纵观社会，横看人生，有撑死的，也有饿死的；有穷死的，也有富死的；有因祸得福的，也有因福得祸的，如此等等，不一而足。何时该获得、何时该舍弃，要完全了解真是很困难，天下没有放之四海而皆准的真理，只有根据具体情况去综合考虑。不舍弃鲜花的绚丽，就难得到果实的香甜。在选择与放弃间，要慎重考虑，慎重选择。

睿智选择，适时放弃

人生如演戏，每个人都是自己的导演，只有学会选择和懂得放弃的人才能创作出精彩的电影，拥有海阔天空的人生。

人生需要选择，也需要放弃，选择与放弃是成功的两个不可缺少的条件。选择是人生成功路上的航标，只有量力而行的睿智选择才会拥有更辉煌的成功。放弃是面对生活的明智选择，只有懂得适时放弃的人才会事事如鱼得水。

放弃，是一种智慧，是一种豁达，它不盲目、不狭隘。放弃，对心境是一种宽松，对心灵是一种滋润，它驱散了乌云，它清扫了心房。有了它，人才能有爽朗坦然的心境；有了它，生活才会阳光灿烂。

1998 年的诺贝尔奖得主崔琦在有些人眼里简直是怪人：远离政治，从不抛头露面，整日浸泡在书本中和实验室内，甚至在诺贝尔奖桂冠加冕的当天，他还如常地到实验室工作。更令人难以置信的是，在美国高科技研究的前沿领域，崔琦居然是一个地地道道的"电脑盲"。他研究中的仪器设计、图表制作，全靠他一笔一画完成，即使发电子邮件，也都请秘书代劳。他的理论是：这世界变化太快了，我没有时间去追赶！

崔琦放弃了世人眼里炫目的东西，从而为自己赢得了大量宝贵的时间，也赢得了至高无上的荣誉。人的一生很短暂，有限的精力使人不可能方方面面都顾及，而世间又有那么多炫目的"精彩"，这时候，放弃就成了一种大智慧。放弃其实是为了得到，只要能得到你想得到的，放弃一些对你而言并不是必需的"精彩"，又有什么不可以呢？

贪婪是大多数人的毛病，抓住自己想要的东西不放，就会给自己带来压力、痛苦、焦虑和不安。往往什么都不愿放弃的人，结果却什么也没有得到。

放弃是一种睿智。或许你的精力过人、志向远大，但时间是不容许你在一定时间内同时完成许多事情，正所谓"心有余而力不足"。所以，在众多的目标中，我们必须依据现实，有所放弃，有所选择。

如果在放弃之后，你烦乱的思绪梳理得更加分明，模糊的目标变得更加清晰，摇摆的心变得更加坚定，那么放弃又有什么不好呢？生活中，总有很多的无奈需要我们去面对，总有很多的道路需要我们去选择。我们要放弃一些原本不应该属于自己的，去把握和珍惜真正属于自己的，去追寻前方更加美好的。放弃一些烦琐，是为了轻便地前行；放弃一丝怅惘，是为了轻快地歌唱；放弃一段凄美，是为了轻松地梦想。放弃，虽然是一种伤感，但更是一种美丽。

放弃是一种超越，睿智的人都懂得该放弃时就放弃。不吐故就无法纳新，看似艰难的取舍，可以让我们走出人生的迷途，可以改变我们的命运。敢于放弃，在落泪之前悄然离去，只留下一个简单的背影；敢于放弃，将昨天埋在心底，只留下一份美好的回忆。当你能够放弃一切，做到简单从容的时候，你生命的低谷就已经过去。生活中有时需要我们做出选择，但究竟什么才是最难舍弃的，是一种道义，还是一段感情？为什么不能抛开和牺牲一些东西，而去获得另一些所想追求永恒？

《百喻经》里有一个故事：

从前有一只猩猩，手里抓了一把豆子，高高兴兴地在路上一蹦一跳地走着。一不留神，手中的豆子滚落了一颗，为了这颗掉落的豆子，猩猩马上将手中其余的豆子全部放置在路旁，趴在地上，转来转去，东寻西找，却始终不见那一颗豆子的踪影。

最后猩猩只好用手拍拍身上的灰土，回头准备拿取原先放置在一旁的豆子，怎知原先的那一把豆子却全都被路旁的鸡鸭吃得一颗也不剩了。

想想我们现在的追求，是否也是放弃了手中的一切，仅仅只是为了追求掉落的那一颗？所以，失去的已经失去，何必为之大惊小怪或耿耿于怀呢？失去某种心爱之物大都会在我们的心理上投下阴影，有时甚至因此而备受折磨。究其原因，就是我们没有调整心态去面对失去，没有从心理上承认失去，只沉湎于过去，而没有想到去创造新的未来。与其怀念过去，不如抬起头，去争取可以把握的未来。

所以说人生如演戏，每个人都是自己的导演，只有学会选择和懂得放弃的人才能创作出精彩的电影，拥有海阔天空的人生。

舍卒保车，大有收获

人们常说："举得起、放得下的是举重，举得起、放不下的叫作负重。"放弃之后，你会发现，原来你的人生之路也可以变得轻松和愉快。生活有时会逼迫你不得不交出权力，不得不放走机遇。然而，有时放弃并不意味着失去，反而可能是获得。

一个青年非常羡慕一位富翁取得的成就，于是他跑到富翁那里请教成功的诀窍。

富翁弄清了青年的来意后，什么也没有说，而是转身从厨房拿来了一个大西瓜。青年有些迷惑不解，不知道富翁要做什么，他只是睁大眼睛看着，只见富翁把西瓜切成了大小不等的三块。

"如果每块西瓜代表一定的利益，你会如何选择呢？"富翁一边说一边把西瓜放在青年面前。

"当然选择最大的那块！"青年毫不犹豫地回答。

富翁笑了笑说："那好，请用吧！"

于是富翁把最大的那块西瓜递给了青年，自己却吃起了最小的那块。当青年还在津津有味地享用最大的那一块的时候，富翁已经吃完了最小的那一块。接着，富翁很得意地拿起了剩下的一块，还故意在青年眼前晃了晃，然后大口地吃了起来。

其实，那块最小的和最后那一块加起来要比最大的那一块分量大得多。青年马上就明白了富翁的意思：富翁开始吃的那块瓜虽然没有自己吃的那块大，可是最后却比自己吃得多。

如果每块西瓜代表一定程度的利益，那么富翁赢得的利益自然要比青年多。

吃完西瓜，富翁讲述了自己的成功经历，最后对青年语重心长地说："要想成功就要学会放弃，只有放弃眼前小利益，才能获得长远大利益，这就是我的成功之道。"

人生总要面临许多选择，同时也就要做出一些放弃，要学会选择，首先要学会放弃。放弃是为了更好地调整自我，准备良好的心态向目标靠近。特别是在现代社会中，竞争日趋激烈，每个人的生存压力也越来越重。于是每个人都身不由己地变得贪心，追求的太多，同样失去的也更多。

生活中这样的人很多，他们做事总是把眼前利益看得很重，结果反而失去了长远的利益。有长远目光、变通意识的人却能毫不犹豫地舍弃小利，因为他们知道这会换来人生的大胜利。

今天的放弃，是为了明天的获得。

小王所在的装饰公司已经好几个月没有工程可做了。就在大家为公司的前途焦虑的时候，老板拿来了一份海滨别墅的装修合同，并委派小王负责这个工程。

小王喜出望外，3天后便拿出了设计方案和效果图，经客户审阅后很快付诸实施。在接下来的日子里，小王一心扑在工程上，从选料到施工严格把关，生怕出现质量问题。

5个月后，工程即将完工，老板来到工地检查。当老板走过回廊，准备穿过客厅去花园时，突然停在了一面玻璃墙前。他用视线量了量角度，又用手敲了敲墙体，然后转身拿过一把铁锤猛地朝玻璃墙砸去。只听"轰"的一声，玻璃墙成了一地碎片。"老板，你为什么要砸这面墙？"小王被老板的举动惊呆了。"玻璃墙偏了5°，抗冲击力不够。这令我不满意。""您不满意，也犯不着一锤子就砸碎1万元呀！""我宁可一锤子砸碎眼前这1万元，也不愿意让这面墙影响了整个工程的质量而失去市场，失去日后的100万元，甚至1000万元！"

小王极不情愿地重新选料，并赶在交工前重新装修好了那面玻璃墙。交工那天，精美的装修赢得了客户的高度评价，而且还为他们推荐了几个新的客户，公司由此度过了困难时期，业务量开始大幅攀升。

在公司举行的庆功酒会上，老板亲切地对小王说："1万元是能看得到的，而100万元、1000万元则是看不到的。看得到的永远是那么一点点，看不到的才是一大片。年轻人，不被眼前的利益所诱惑，你才会走得更远。"

能够看到别人所看不到的，这是成功者最大的特征之一。不要单纯为眼前看得见、摸得着的利益心动，要控制自己的欲望，抵制一时的诱惑，要有"舍卒保车"的变通意识，能够透过诱惑看到长远利益的人，才是成功的人。

我们总是只关注放弃时眼下的痛苦，殊不知如果我们不放弃，就会遭受更大的痛苦。放弃，是一种格局，是我们发展的必由之路，大弃大得，小弃小得。

漫漫人生路，学会放弃，便能轻装前进，不断有所收获。

尝试回到人生的原点

人们习惯于对爬上高山之巅的人顶礼膜拜，实际上，能够及时主动从光环中隐退的下山者也是"英雄"。

有多少人把"隐退"当成"失败"。曾经有过非常多的例子显示，对于那些惯于享受欢呼与掌声的人而言，一旦从高空中跌落下来，就像是艺人失掉了舞台，将军失掉了战场，往往因为一时难以适应，而自陷于绝望的谷底。

心理专家分析，一个人若是能在适当的时间选择短暂地隐退（不论是自愿还是被迫），都会是一个很好的转机，因为它能让你留出时间观察和思考，使你在独处的时候找到真正的自我。

唯有离开自己当主角的舞台，才能防止自我膨胀。虽然，失去掌声令人惋惜，但往好的一面看，心理专家认为，"隐退"就是进行深层学习，一方面挖掘自己的不足，一方面重新上发条，平衡日后的生活。当你志得意满的时候，是很难想象将来没有掌声的日子的。但如果你要一辈子获得持久的掌声，就要懂得享受"隐退"。

作家班塞说过一段令人印象深刻的话："在其位的时候，总觉得什么都不能舍，一旦真的舍了之后，又发现好像什么都可以舍。"曾经做过杂志主编，翻译出版过许多知名畅销书的班塞，在40岁事业最巅峰的时候退下来，选择当个自由人，重新思考人生的出路。

40岁那年，欧文从人事经理被提升为总经理。3年后，他自动"开除"自己，舍弃"总经理"的头衔，改任没有实权的顾问。

正值人生最巅峰的阶段，欧文却奋勇地从急流中跳出，他的说法是："我不是退休，而是转进。"

　　"总经理" 3 个字对多数人而言，代表着财富、地位，是事业、身份的象征。然而，短短 3 年的总经理生涯，令欧文感触颇深的，却是诸多的无可奈何与不得而为。

　　他全面地打量自己，他的工作确实让他过得很光鲜，周围想巴结自己的人更是不在少数，然而，每天疲于奔命、穷于应付，他其实活得并不开心。这种生活，促使他决定辞职，"人要回到原点，才能更轻松自在。"他说。

　　辞职以后，他把司机、车子一并还给公司，应酬也减到最低。不当总经理的欧文，感觉时间突然多了起来，他把主要的精力拿来写作，抒发自己在广告领域多年的观察与心得。

　　"我很想试试看，人生是不是还有别的路可走。"他笃定地说。

　　事实上，欧文在写作上很有天分，而且多年的职场经历帮他积累了大量的素材。现在欧文已经是某知名杂志的专栏作家，其间还完成了两本管理学著作，欧文迎来了他的第二次人生辉煌。

　　事实上，"隐退"只是转移阵地，或者是为了下一场战役储备新的能量。但是，很多人认不清这点，一直缅怀着过去的光荣，他们始终难以忘怀"我曾经如何如何"，不甘心从此做个默默无闻的小人物。从山顶走下来，你同样可以创造辉煌，同样是个大英雄。

　　一个不受过去干扰的人，就像画家手中的一张干净的纸，更能画出美妙的图画来。因为是崭新的开始，就需要付出全部的努力，需要认真地对待，需要一丝不苟地去应对每一个环节和细节，这样往往更能把事情做好，而这样的人也正是能理智选择人生道路的人。

第三章
放弃计较，选择宽容：人生何必太计较

世上本无事，庸人自扰之

一个年轻人四处寻找解脱烦恼的秘诀。他见山脚下绿草丛中一个牧童在那里悠闲地吹着笛子，十分逍遥自在。

年轻人便上前询问："你那么快活，难道没有烦恼吗？"

牧童说："骑在牛背上，笛子一吹，什么烦恼都没有了。"

年轻人试了试，烦恼仍在。

于是他只好继续寻找。

他来到一条小河边，见一老翁正专注地钓鱼，神情怡然，面带喜色，于是便上前问道："你能如此投入地钓鱼，难道心中没有什么烦恼吗？"

老翁笑着说："静下心来钓鱼，什么烦恼都忘记了。"

年轻人试了试，却总是放不下心中的烦恼，静不下心来。

于是他又往前走。他在山洞中遇见一位面带笑容的长者，便又向他讨教解脱烦恼的秘诀。

老年人笑着问道："有谁捆住你没有？"

年轻人答道："没有啊？"

老年人说："既然没人捆住你，又何谈解脱呢？"

年轻人想了想，恍然大悟，原来是被自己设置的心理牢笼束缚住了。

世上本无事，庸人自扰之。其实很多时候，烦恼都是自找的，要想从烦恼的牢笼中解脱，首先要做到"心无一物"，放下心中的一切杂念，不为外物的悲喜所侵扰，才能够抛却一切的烦恼，得到内心的安宁。

萧伯纳曾经说过："痛苦的秘诀在于有闲工夫担心自己是否幸福。"故事中的年轻人，四处寻找解脱烦恼的秘诀，却不知道这其实将带来更多的烦恼。许多烦恼和忧愁源于外物，却是发自内心，如果心灵没有受到束缚，外界再多的侵扰都无法动摇你宁谧的心灵；反之，如果内心波澜起伏，汲汲于功利，汲汲于悲喜，那么即便是再安逸的环境，都无法洗净你心灵上的尘埃。正所谓"菩提本无树，明镜亦非台，本来无一物，何处染尘埃"，一切的杂念与烦忧，都源自动摇的心旌所激荡起的涟漪，只要带着牧童牛背吹笛、老翁临渊钓鱼的心态，而不去自寻烦忧，那么，烦扰自会远离。

世上没有任何事情值得忧虑

忧虑是一种过度忧愁和伤感的情绪体验。正常人也会有忧虑的时候，但如果是毫无原因地忧虑，或虽有原因，但不能自控，显得心事重重、愁眉苦脸，就属于心理性的忧虑了。

如果一个人不及时调整，一味地忧虑下去，那么他只是在折磨自己，事情也不会发生任何的改变。

商人的妻子不停地劝慰着她那在床上翻来覆去、折腾了足有几百次的丈夫："睡吧，别再胡思乱想了。"

"嗨，老婆啊，"商人说，"几个月前，我借了一笔钱，明天就到还钱的日子了。可你知道，咱家哪儿有钱啊！你也知道，借给我钱的那些邻居们比蝎子还毒，我要是还不上钱，他们能饶得了我吗？为了这个，我能睡得着吗？"他接着又在床上继续翻来覆去。

妻子试图劝他，让他宽心："睡吧，等到明天，总会有办法的，我们说不定能弄到钱还债的。"

"不行了，一点儿办法都没有啦！"

最后，妻子忍耐不住了，她爬上房顶，对着邻居家高声喊道："你们知道，我丈夫欠你们的债明天就要到期了。现在我告诉你们：我丈夫明天没有钱还债！"她跑回卧室，对丈夫说："这回睡不着觉的不是你，而是他们了。"

可能凌晨三四点的时候，你还在忧虑，似乎全世界的重担都压在你肩膀上：到哪里去找一间合适的房子？找一份好一点的工作？怎样可以使那个啰唆的主管对你有好印象？儿子的健康、女儿的行为、明天的伙食、孩子们的学费……你的脑子里有许多烦恼、问题和亟待要做的事在滚转翻腾。

深呼吸，睁开眼睛，再轻松地闭起来，告诉自己："不要怕。"仔细想想这些有魔力的字句，而且要真正相信，不要让你的心仍彷徨在恐惧和烦恼之中。

我们不能将忧虑与计划安排混为一谈，虽然二者都是对未来的一种考虑。未来的计划有助于你现实中的活动，使你对未来有自己的具体想法与行动指南。而忧虑只是因今后可能发生的事情而产生惰性。忧虑是一种流行的社会通病，几乎每个人都要花费大量的时间为未来担忧。忧虑消极而无益，既然你是在为毫无积极效果的行为浪费自己宝贵的时光，那么你就必须改变这一缺点。

请记住，世上没有任何事情是值得忧虑的。你可以让自己的一生在对未来的忧虑中度过，然而无论你多么忧虑，甚至抑郁而死，你也无法改变现实。

把生活当情人，允许其发点小脾气

在生活中，我们常常会碰到一些无法改变的事情。此时，不要去硬拼，没必要非弄个鱼死网破，因为鱼死了网也未必会破；也不必弄个玉碎瓦全，因为碎了的玉和瓦没多大区别，不如去顺应、去配合。

生活中发生的很多事情也许将我们磨得失去了耐性，可是没有办法改变，又能怎么办呢？最好的办法，就是把生活当成自己的小情人吧，在经受挫折时，就当是他在发脾气，不要与他计较，哄哄他也是一种生活的情调。

　　小张是一所名牌大学的高才生，他不仅成绩出众，还是校学生会的主席，大学毕业后，他如愿以偿到一家外资企业工作。可是不久他就发现，自己在公司干的都是些打杂的事情。

　　从名牌大学的高才生到打杂工，这样的现实让小张很难接受，特别是一些同事动不动就使唤他，让小张觉得尊严受到了挑战。他有时咬牙切齿地干完某事，还要笑容可掬地向其汇报说："已经做好了！"小张实在无法忍受了。有几次，他还与同事争吵起来。

　　时间一长，小张的日子就不好过了，同事们几乎没人理他，孤傲的小张更加孤独了。

　　生活就是这样，当你没办法改变世界时，唯一的方法就是改变自己。还有另一个故事：

　　许多年前，一个妙龄少女来到东京酒店当服务员。这是她的第一份工作，因此她很激动，暗下决心：一定要好好干！想不到，上司安排她洗厕所！洗厕所，说实话没人爱干，何况她从未干过粗重的活儿，细皮嫩肉、爱洁净的她干得了吗？她陷入了困惑、苦恼之中，也哭过鼻子。

　　这时，她面临着人生的一大抉择：是继续干下去，还是另谋职业？继续干下去——太难了！另谋职业——知难而退？她不甘心就这样败下阵来，因为她曾下过决心：人生第一步一定要走好，马虎不得！这时，同单位的一位前辈及时出现在她面前，帮她摆脱了困惑、苦恼，帮她迈出了人生的第一步，更重要的是，帮她认清了人生之路应该如何走。他并没有用空洞的理论去说教，只是亲自做给她看。

　　首先，他一遍遍地擦洗马桶，直到光洁如新；然后，他从马桶里盛了一杯水，一饮而尽，竟然毫不勉强。实际行动胜过万语千言，他不用一言一语就告诉了少女一个极为朴素、极为简单的真理：光洁如新，要点在于"新"，新则不脏，因为不会有人认为新马桶脏，也因为马桶中的水是不脏的，所以是可以喝的；反过来讲，只有马桶中的水达到可以喝的洁净程度，才算是把马桶擦洗得"光洁如新"了，而这一点已被证明可以办得到。

同时，他送给她一个含蓄的、富有深意的微笑，送给她关注的、鼓励的目光。这已经足够了，因为她早已激动得几乎不能自持，从身体到灵魂都在震颤。她目瞪口呆，热泪盈眶，恍然大悟，如梦初醒！她痛下决心："就算一生洗厕所，也要做一名洗厕所洗得最出色的人！"

从此，她成为一个全新的、振奋的人，她的工作质量也达到了那位前辈的高水平。当然，她也多次喝过马桶水，为了检验自己的自信心，为了证实自己的工作质量，也为了强化自己的敬业心。

在生活和工作中，我们会遇到许多的不如意。比如，你是一个刚毕业的学生，很喜欢编辑的工作，可是放在你面前的就只有文员的职位；你正处于事业的爬坡期，你以为升职的名单里会有你，可是另一个你认为不如你的人却代替你升了职……既然改变不了事实，那么我们何不顺应环境，理清思绪，让自己重新开始呢？

生命短促，不要过于顾忌小事

事事计较、精于算计的人，不但容易损害人际关系，从医学的观点看，也对自己的身体极其有害。《红楼梦》里的林黛玉，虽有闭月羞花、沉鱼落雁的美丽容貌，可总是患得患失，别人一句无意的话都会让她辗转反侧，难以入眠，抑郁不已，再加上情感上的打击，终于落得个"红颜薄命"的悲惨结局。

还有这样一个故事：一群好朋友，原本欢欢喜喜地去饮酒，酒下了肚没有多久，大伙你一句、他一句地开玩笑，突然盘飞菜溅，大伙打成了一团。究其原因，也不过是甲说乙性无能，乙认为伤了其男性的自尊心，一定要讨回面子而已。小小的一个玩笑演变成你死我伤的局面。

世上有许多类似的事情，皆为一句话、一个小举动弄得反目成仇，到头来失去朋友、断了交情，可谓得不偿失。古语有云"小不忍则乱大谋"，一点不假。

人生之事，只要不是原则性的大事，得过且过又何妨？人活在世上，理应开朗、豁达，活得超脱一些；凡事斤斤计较，只是徒增烦恼罢了。

我们活在这个世上只有短短的几十年，而浪费很多不可能再补回来的时间去忧愁一些很快就会被所有人忘了的小事，值得吗？请把时间只用在值得做的事情上，去经历真正的感情，去做必须做的事情。生命太短促了，不该再顾忌那些小事。人生的快乐不在于拥有的多，而在于计较的少。

人生在世，不免有形形色色的矛盾、烦恼，如果斤斤计较于每一件事，未免活得太累，且充斥着悲剧色彩。

1945 年 3 月，罗勒·摩尔和其他 87 位军人在贝雅 S·S318 号潜艇上。当时雷达发现有一个驱逐舰队正往他们的方向开来，于是他们就向其中的一艘驱逐舰发射了 3 枚鱼雷，但都没有击中。这艘舰也没有发现。但当他们准备攻击另一艘布雷舰的时候，它突然掉头向潜艇开来，可能是一架日本飞机看见这艘位于 60 米水深处的潜艇，用无线电告诉这艘布雷舰。

他们立刻潜到 150 米深的地方，以免被日方探测到，同时也准备应付深水炸弹。他们在所有的船盖上多加了几层栓子。3 分钟之后，突然天崩地裂。6 枚深水炸弹在他们的四周爆炸，他们直往水底——深达 276 米的地方下沉，他们都吓坏了。

按常识，如果潜水艇在不到 500 米的地方受到攻击，深水炸弹在离它 17 米之内爆炸的话，差不多是在劫难逃。罗勒·摩尔吓得不敢呼吸，他在想："这回完蛋了。"在电扇和空调系统关闭之后，潜艇的温度升到近 40℃，但摩尔却全身发冷，牙齿打战，身冒冷汗。15 小时之后,攻击停止了,显然那艘布雷舰的炸弹用光以后就离开了。

这 15 小时的攻击，对摩尔来说，就像有 1500 年。他过去所有的生活——浮现在眼前，他想到了以前所干的坏事，所有他曾担心过的一些很无聊的小事。他曾经为工作时间长、薪水太少、没有多少机会升迁而发愁；他也曾经为没有办法买自己的房子、没有钱买部新车、没有钱给妻子买好衣服而忧虑；他非常讨厌自己的老板，因为这位老板常给他制造麻烦；他还记得每晚回家的时候，自己总感到非常疲倦和难过，常常跟自己的妻子为一点小事吵架；他也为自己额头上的一块小疤发愁过。

摩尔说："多年以来，那些令人发愁的事看来都是大事，可是在深水炸弹威胁着要把我送上西天的时候，这些事情又是多么的荒唐、渺小。"就在那时候，他向自己发誓，如果他还有机会见到太阳和星星的话，就永远不再忧虑。在潜艇里那可怕的 15 小时，对于生活所学到的，比他在大学读了 4 年书所学到的要多得多。

　　我们可以相信一句话：人生中总是有很多的琐事纠缠着我们，但是我们不能与它斤斤计较，因为心胸狭窄是幸福的天敌。

　　生活中，将许多人击垮的有时并不是那些看似灭顶之灾的挑战，而是一些微不足道的、鸡毛蒜皮的小事。人的大部分精力无休止地消耗在这些鸡毛蒜皮的小事上，最终让大部分人一生一事无成。

　　大家都知道在法律上的一条格言："法律不会去管那些小事情。"一个人不该为一些小事斤斤计较、忧心忡忡，如果他希望求得心理上的平静和快乐的话。

　　很多时候，要想克服由一些小事情所引起的困扰，只需将你的注意力转移，给自己设定一个新的、能使你开心地看问题的角度与方法就可以了，这样你会重新收获生活的快乐。

放开自己，不纠结于已失去的事物

　　生活中有一种痛苦叫错过。人生中一些极美、极珍贵的东西，常常与我们失之交臂，这时的我们总会因为错过美好而感到遗憾和痛苦。其实喜欢一样东西不一定非要得到它，当你为一份美好而心醉时，远远地欣赏它或许是最明智的选择，错过它或许还会给你带来意想不到的收获。

　　美国的哈佛大学要在中国招一名学生，这名学生的所有费用由美国政府全额提供。初试结束了，有 30 名学生成为候选人。

　　考试结束后的第 10 天，是面试的日子。30 名学生及其家长云集锦江饭店等待面试。当主考官劳伦斯·金出现在饭店的大厅时，一下子被大家围了起来，他们用流利的英语向他问候，有的甚至还迫不及待地向他做自我介绍。这时，只有一名学生，由于起身晚了一步，没来得及围上去，等他想接近主考官时，主考官的周围已经是水泄不通了，根本没有插空而入的可能。

他错过了接近主考官的大好机会于是有些懊丧起来。正在这时，他看见一个异国女人有些落寞地站在大厅一角，目光茫然地望着窗外，他想：身在异国的她是不是遇到了什么麻烦，不知自己能不能帮上忙。于是他走过去，彬彬有礼地和她打招呼，然后向她做了自我介绍，最后他问道："夫人，您有什么需要我帮助的吗？"接下来两个人聊得非常投机。

后来这名学生被劳伦斯·金选中了，在 30 名候选人中，他的成绩并不是最好的，而且面试之前他错过了跟主考官套近乎、加深自己在主考官心目中印象的最佳机会，但是他无心插柳柳却成荫。原来，那位异国女子正是劳伦斯·金的夫人。

这件事曾经引起很多人的震动：原来错过了美丽，收获的并不一定是遗憾，有时甚至可能是圆满。

许多的心情，可能只有经历过之后才会懂得，如感情，痛过了之后才会懂得如何保护自己，伤过了之后才会懂得适时地坚持与放弃。在得到与失去的过程中，我们慢慢认识自己，其实生活并不需要这么多无谓的执着，没有什么不能割舍的，学会放弃，生活才会更容易！

因此，在你的人生处于困顿的时候，不要为错过而惋惜。也许因为失去你会有意想不到的收获。花朵虽美，但毕竟有凋谢的一天，请不要再对花长叹了，因为可能在接下来的时间里，你将收获雨滴的温馨和浪漫。

睁一眼闭一眼，对小事不予计较

美国著名的成功学大师戴尔·卡耐基是一位处理人际关系的"老手"，然而其早年也曾犯过小错误。

有一天晚上，卡耐基和自己的一个朋友应邀去参加一个宴会。宴席中，坐在他右边的一位先生讲了一段幽默故事，并引用了一句话，意思是"谋事在人，成事在天"。那位健谈的先生提到，他所引用的那句话出自《圣经》。然而，卡耐基发现他说错了，他很肯定地知道出处，一点疑问也没有。

出于一种认真的态度，卡耐基又很小心地纠正了过来。那位先生立刻反唇相讥："什么？出自莎士比亚？不可能！绝对不可能！"那位先生一时下不来台，不禁有些恼怒。当时卡耐基的老朋友弗兰克就坐在他的身边。弗兰克研究莎士比亚的著作已有多年，于是卡耐基就向他求证。弗兰克在桌下踢了卡耐基一脚，然后说："戴尔，你错了，这位先生是对的。这句话出自《圣经》。"

那晚回家的路上，卡耐基对弗兰克说："弗兰克，你明明知道那句话出自莎士比亚。""是的，当然。"弗兰克回答，"在《哈姆雷特》第五幕第二场。可是亲爱的戴尔，我们是宴会上的客人，为什么要证明他错了？那样会使他喜欢你吗？他并没有征求你的意见，为什么不圆滑一些，保留他的脸面，非要说出实话而得罪他呢？"

一些无关紧要的小错误，放过去，无伤大局，那就没有必要去纠正它。这不仅是为了自己避免不必要的烦恼和人事纠纷，也顾到了别人的名誉，不致给别人带来无谓的烦恼。这样做，并非只是明哲保身，更体现了你处世的度量。

人们常说：“凡事不能不认真，凡事不能太认真。”一件事情是否该认真，这要视场合而定。钻研学问更要讲究认真，面对大是大非的问题要讲究认真。但是，在不忘大原则的同时，我们要做适时的变通，对于一些无关大局的琐事，不必太认真。不看对象，不分地点刻板地认真，往往使自己处于一种尴尬的境地，处处被动受阻。这时候，如果能理智地后退一步，淡然处之，不失为一种追求至简生活的处世之道。

且咽一口气，内心便开朗了

人生之所以多烦恼，皆因遇事不肯让他人一步，总觉得咽不下这口气。其实，这是很不明智的做法。

善于放弃是一种境界，是历尽跌宕起伏之后对世俗的一种轻视，是饱经人间沧桑之后对财富的一种感悟，是运筹帷幄、成竹在胸、充满自信的一种流露。只有在了如指掌之后才会懂得放弃并善于放弃，只有在懂得放弃并善于放弃之后才会获得幸福。

杨玢是宋朝时期的一个尚书，年纪大了便退休在家，安度晚年。他家住宅宽敞、舒适，家族人丁兴旺。有一天，他在书桌旁，正要拿起《庄子》来读，他的几个侄子跑进来，大声说：“不好了，我们家的旧宅被邻居侵占了一大半，不能饶他！”

杨玢问：“不要急，慢慢说，他们家侵占了我们家的旧宅地？”

“是的。”侄子们回答。

杨玢又问：“他们家的宅子大还是我们家的宅子大？”侄子们不知其意，说：“当然是我们家宅子大。”

　　杨玢又问："他们占些我们家的旧宅地，于我们有何影响？"侄子们说："没有什么大影响，虽然如此，但他们不讲理，就不应该放过他们！"杨玢笑了。

　　过了一会儿，杨玢指着窗外落叶，问他们："树叶长在树上时，那枝条是属于它的，秋天树叶枯黄了落在地上，这时树叶怎么想？"他们不明白含义。杨玢干脆说："我这么大岁数，总有一天要死的，你们也有老的一天，也有要死的一天，争那一点点宅地对你们有什么用？"侄子们现在明白了杨玢讲的道理，说："我们原本要告他的，状子都写好了。"

　　侄子呈上状子，他看后，拿起笔在状子上写了四句话："四邻侵我我从伊，毕竟须思未有时。试上含元殿基望，秋风秋草正离离。"

　　写罢，他再次对侄子们说："我的意思是在私利上要看透一些，遇事都要退一步，不要斤斤计较。"

　　人的一生，不可能事事如意、样样顺心，生活的路上总有沟沟坎坎。你的奋斗、你的付出，也许没有预期的回报；你的理想、你的目标，也许难以实现。如果抱着一份怀才不遇之心而愤愤不平，如果抱着一腔委屈怨天尤人，难免让自己心力交瘁。

　　生活中，难免与人磕磕碰碰，难免遭别人误会猜疑。你的一念之差、你的一时之言，也许别人会加以放大和责难，你的认真、你的真诚，也许会被别人误解和中伤。如果非得以牙还牙拼个你死我活，如果非得为自己辩解澄清，可能会导致两败俱伤。

　　适时地咽下一口气，潇洒地甩甩头发，悠然地轻轻一笑，甩去烦恼，笑泯恩怨，你会发现，内心开朗了，天仍然很蓝，生活依然很美好。

不要为了无聊的事小题大做

我们每天都会经历这样或那样的事。每件事的重要性也不尽相同，有的事情至关重要，而有的则无关紧要。重要的事情固然应当认真对待，然而如果小题大做，成天为无聊的小事而发愁的话，是无法成就大事的。当然，一些在无聊的细节之处过于较真的人，在社交中也是令人讨厌的。

布莱恩有一次在一家小旅馆住宿。

午夜时分，忽然听到浴室中有一种奇怪的声音。过了一会儿，布莱恩看见一只老鼠跳上镜台，然后又跳下地，在地板上做些怪异的老鼠"体操"，后来它又跑回浴室，使布莱恩一夜都没睡好觉。

第二天早晨，他对打扫房间的女侍说："这间房里有老鼠，夜里出来，吵了我一夜。"女侍说："这旅馆里没有老鼠。这是头等旅馆，而且所有的房间都刚刚刷过漆。"

布莱恩下楼时对看电梯的人说："你们的女侍倒真忠心。我告诉她说昨天晚上有只老鼠吵了我一夜，她说那是我的幻觉。"

没想到，那个人说："她说得对。这里绝对没有老鼠！"

布莱恩的话被他们传开了。柜台服务员和门口看门的在他走过时都用怪异的眼光看他。

第二天早晨，他到店里买了只老鼠笼和一包咸肉。他把这两件东西包好，偷偷带进旅馆，不让当时值班的员工看见。翌日早晨他起床时，看到老鼠在笼里，既是活的，又没有受伤。他心想，我将证据摆在他们面前，他们还怎样说我无中生有！

但在他准备走出房门时，忽然间意识到，如此做法，是否有些小题大做，岂不是显得自己太无聊，而且很讨厌？

于是布莱恩赶快轻轻走回房间，把老鼠放出，让它从窗外宽阔的窗台跑到邻屋的屋顶上去了。

半小时后，布莱恩退掉房间，离开旅馆，出门时把空老鼠笼递给侍者。他发现，厅中的人都向他微笑点头，目送着他推门而去。

如果布莱恩真的将老鼠带给前台，诚然能够证明他并没有说错，但同时他也证明了自己是多么的惹人讨厌。如果他真的这么做，那么他并不是赢家，而只是一个无聊而又可笑的失败者。人生在世，往往会过于较真，为了证明自己是对的，而在一些无伤大雅的细节之处过分纠缠，然而花费了不少气力和心思之后，不仅不能得到他人的认同，还可能惹人生厌。反之，如能像布莱恩一样，明智地选择放下心中的执念，不再执着于使人们信服旅馆中确实有老鼠，那么他失去的，仅仅是证明自己的正确之后所获得的转瞬即逝的满足感，然而却收获了他人的认同以及发自内心的赞许。在这里，布莱恩显示出了自己的智慧，同时也告诉我们，不要为无聊的小事小题大做，这样无知、无谓亦无聊，放下对无谓的细节的纠缠，方能获得内心的畅快与释然。

不要让小事情牵着鼻子走

在非洲草原上，有一种不起眼的动物叫吸血蝙蝠，它的身体极小，却是野马的天敌。这种蝙蝠靠吸动物的血生存。在攻击野马时，它常附在野马腿上，用锋利的牙齿迅速、敏捷地刺入野马腿，然后用尖尖的嘴吸食血液。无论野马怎么狂奔、暴跳，都无法驱逐这种蝙蝠，蝙蝠可以从容地吸附在野马身上，直到吸饱才满意而去。野马往往是在暴怒、狂奔、流血中无奈地死去。

动物学家们百思不得其解，小小的吸血蝙蝠怎么会让庞大的野马毙命呢？于是，他们进行了一次实验，观察野马死亡的整个过程。结果发现，吸血蝙蝠所吸的血量是微不足道的，远远不会使野马毙命。他们一致认为野马的死亡是它暴躁的习性和狂奔所致，而不是因为蝙蝠吸血致死。

一个理智的人，必定能控制住自己所有的情绪与行为，不会像野马那样为一点小事抓狂。当你在镜子前仔细地审视自己时，你会发现镜子里的自己既是你最好的朋友，也是你最大的敌人。

比如，上班时堵车堵得厉害，交通指挥灯仍然显示为红灯，而时间很紧，你烦躁地看着手表的秒针。终于亮起了绿灯，可是你前面的车子迟迟不启动，因为开车的人思想不集中，你愤怒地按响了喇叭，那个似乎在打瞌睡的人终于惊醒了，仓促地挂上了挡，而你却在几秒钟里把自己置于紧张而不愉快的情绪之中。

美国研究应激反应的专家理查德·卡尔森说："我们的恼怒有80％是自己造成的。"这位加利福尼亚人在讨论会上教人们如何不生气。卡尔森把防止激动的方法归结为这样的话："请冷静下来！要承认生活是不公正的。任何人都不是完美的，任何事情都不会按计划进行。""应激反应"这个词从20世纪50年代起才被医务人员用来说明身体和精神对极端刺激（噪音、时间压力和冲突）的防卫反应。

应激反应是在头脑中产生的，在即使是非常轻微的恼怒情绪中，大脑也会命令分泌出更多的应激激素。这时呼吸道扩张，使大脑、心脏和肌肉系统吸入更多的氧气，血管扩大，心脏加快跳动，血糖水平升高。

埃森医学心理学研究所所长曼弗雷德·舍德洛夫斯基说："短时间的应激反应是无害的。"他说，"使人感受到压力的是长时间的应激反应。"他的研究所的调查结果表明，61%的人感到在工作中不能胜任；有30%的人因为觉得不能处理好工作和家庭的关系而有压力；20%的人抱怨同上级关系紧张；16%的人说在路途中精神紧张。

理查德·卡尔森的一条黄金规则是："不要让小事情牵着鼻子走。"他说："要冷静，要理解别人。"他的建议是：表现出感激之情，别人会感觉到高兴，你的自我感觉会更好。

学会倾听别人的意见，这样不仅会使你的生活更加有意思，而且别人也会更喜欢你；每天至少对一个人说，你为什么赏识他，不要试图把一切都弄得滴水不漏。不要顽固地坚持自己的权利，这会花费许多不必要的精力。不要老是纠正别人，常给陌生人一个微笑，不要打断别人的讲话，不要让别人为你的不顺利负责。要接受事情不成功的事实，天不会因此而塌下来；请忘记事事都必须完美的想法，你自己也不是完美的。这样生活会突然变得轻松许多。当你抑制不住自己的情绪时，你要学会问自己：一年前抓狂时的事情到现在来看还是那么重要吗？不为小事抓狂，你就可以对许多事情得出正确的看法。

现在，把你曾经为一些小事抓狂的经历写下来，然后把你现在对这些事的看法也写下来，对比之下，相信你会有更深的认识，这也正是我们所要传递的精神所在。

抛开烦恼，别跟自己较劲

生活中不顺心的事十有八九，要做到事事顺心，就要学会放下，不愉快的事让它过去，不要放在心上。有一句话说：生气是拿别人的错误惩罚自己。如果你总是念念不忘别人的坏处，实际上深受其害的是自己，搞得自己狼狈不堪，不值得。既往不咎的人，才可能甩掉沉重的包袱，大踏步前进。

有一位企业老总，当有人问起他的成功之路时，他讲了自己的一段切身经历：

"这几年来我一直采用忘却来调整自己的心态。我本来是一个情绪化的人，一遇到不开心的事，心情就糟糕不已，不知道该怎么做才好。我知道这是自己性格的弱点，可我找不到更好的办法来化解。直到后来，遇到一位老专家。

"大学刚毕业那段时间，是我心情最灰暗的时候。当时我在一家公司做文员，工资低得可怜，而且同事间还充满着排斥和竞争，我有些适应不了那里的工作环境。更令人难过的是，相爱三年的女友也执意要离开我，我没有想到多年的爱情竟然经不起现实的考验，我的心在一点一点地破碎。朋友的劝慰似乎都起不到作用，我一味地让自己沉沦下去。除了伤悲，我又能做些什么呢？到最后，朋友建议我去找一位知名的心理专家咨询一下，以便摆脱自己的困境。

"当那位老专家听完我的诉说后，他把我带到一间很小的办公室，室内唯一的桌上放着一杯水。老专家微笑着说：'你看这只杯子，它已经放在这里很久了，几乎每天都有灰尘落入里面，但它依然澄澈透明，你知道是为什么吗？'

"我认真思索，像是要看穿这杯子，是啊，这到底是为什么呢？这杯水有这么多杂质，但为什么很清澈呢？对了，我知道了，我跳起来说：'我懂了，所有的灰尘都沉淀到杯子底下了。'老专家赞同地点点头：'年轻人，生活中烦心的事很多，有些是越想忘掉越不易忘掉，那就记住它好了。就像这杯水，如果你厌恶它，使劲摇晃它，就会使整杯水都不得安宁，浑浊一片，这是多么愚蠢的行为。如果你愿意慢慢地、静静地让它们沉淀下来，用宽广的胸怀去容纳它们，这样，心灵并未因此受到感染，反而更加纯净了。'

"我记住了这位老专家睿智的话，以后，当我再遇到不如意的事时，就试着把所有的烦恼都沉入心底，不与那些不顺的事纠缠。当它们慢慢沉淀下来时，我的生活就马上阴转晴了，变得快乐和明媚起来。"

遗憾的是在生活中，很多人有时候太在意自己的感觉了。比如，你在路上不小心摔了一跤，惹得路人哈哈大笑。你当时一定很尴尬，认为全天下的人都在看着你。但是你如果站在别人的角度考虑一下，就会发现，其实这件事只是他们生活中的一个小插曲，甚至有时连插曲都算不上，他们哈哈一笑，然后就把这件事忘记了。

人生路上，我们只是别人眼中的一道风景，对于一次挫折、一次失败，完全可以一笑了之，不要过多地纠缠于失落的情绪中。你的抱怨只能提醒人们重新注意到你曾经的失败。你笑了，别人也就忘记了。有句话说："20岁时，我们顾虑别人对我们的想法；40岁时，我们不理会别人对我们的想法；60岁时，我们发现别人根本就没有想到我们。"这并非消极，而是一种人生哲学——学会看轻你自己，才能做到轻装上阵。

生活中难免会遇到来自外界的一些伤害，经历多了，自然有了提防。可是，我们却往往没有意识到，有一种伤害并不是来自外部，而是我们自己造成的：为了一个小小的职位、一份微薄的奖金，甚至是为了他人的一些闲言碎语，我们发愁、发怒，认真计较，纠缠其中。一旦久了，我们的心灵就被折磨得千疮百孔，对生活失去热情，对周围的人也冷淡了很多。

假如我们能不被那么一点点的功利所左右，我们就会坦然得多，能平静地面对各种荣辱得失和恩恩怨怨，使我们永久地持有对生活的美好认识与执着追求。这是一种修养，是对自己人格与性情的冶炼，从而使自己的心胸趋向博大，视野变得深远。那么，我们在人生旅途上，即使是遇到凄风苦雨，碰到困苦与挫折，我们也都能坦然地走过。

生活在现在，面向着未来，过去的一切都被时间之水冲得一去不复返。我们没有必要念念不忘那些不愉快，那些人间的仇怨。念念不忘，只能被它腐蚀，而变得憎恨和怨艾，甚至导致精神崩溃，陷自己于疯狂。

学习忘记之道，让许多愤恨的往事烟消云散，日子久了，激动的情绪也就越来越少，心灵和精神的活力就会得以再生，从而恢复原有的喜悦和自在。

不计较他人的毁誉

生活中，当别人讥讽、辱骂甚至毁谤你时，最高明的态度就是漠视它，置之不理。这样就可以使自己处于主动的位置，避免不必要的麻烦。

日本有一位武功高强的武士。在年纪很大以后，武士开始全身心地向年轻人传授禅宗。虽然他年岁已高，据说仍然所向无敌。

有一天，一位年轻武士前来拜访。这位年轻武士以胆大妄为著称，也以技巧高超而闻名。他会等对方先出手，然后利用自己高超的才智来评估对手的错误，再以迅雷不及掩耳的速度进行反击。

这位年轻气盛的武士还从来没有打过败仗，因久仰老武士的声名，前来挑战，想借此提高自己的名望。

老武士不顾弟子们的反对，接了挑战书。

大家都来到市区的大广场上，年轻武士开始侮辱老武士，对他扔了几块砖头，往他脸上吐口水，用尽所有脏话辱骂他的祖宗八代。年轻武士花了好几个小时，费尽了心机，想以此激怒老武士。不过，老武士仍然不为所动。直到最后，年轻气盛的武士缩手了，精疲力竭又倍感羞辱。

老武士的弟子看到自己的师父受辱而不反击，非常失望，就忍不住问他："他那么过分，师父怎么能忍受？尽管真正动起手来可能会吃败仗，至少也不会让我们这些做弟子的看到您懦弱的一面啊！"

"假设有人带着礼物来见你，你不收下礼物的话，礼物应该归谁？"老武士问众弟子。

"归送礼的人。"弟子们回答。

"嫉妒、愤怒与侮辱也是同样的道理，"老武士说，"如果这些东西你都拒收的话，它们还是归对方所有。"

在这个世界上，没有比漠视更好的惩罚手段了，把那些辱骂者埋藏在他们愚昧的灰烬中；让他们自己的唾沫淹没他们自己；让他们的耳光都回应到他们自己身上。化解各种风波和平息流言蜚语的不二法门就是对其置之不理。指责他们只会给自己带来侮辱，对他们反唇相讥只会使自己的荣誉受损。

受辱时，漠视他人，不计较他人的毁誉，那么，受辱者就是对方了。

下次，当你面对他人的打击或厄运时，你要做的第一件事是调整心态，然后做出正确的选择，在实际行为上显示出自己强烈的意志力和自控力，这样才是一种理性的自我完善。

第四章

放弃浮躁，选择安宁：淡定的人生不寂寞

成功要耐得住寂寞

成功需要耐得住寂寞，所谓"论至德者不和于俗，成大功者不谋于众"，意思是至高无上之道德者，是不与世俗争辩的；而成就大业者，往往是不与老百姓和谋的。

成就大业者在其创业初期，都是能耐得住寂寞的，古今中外，概莫能外。门捷列夫的化学元素周期表的诞生，居里夫人发现镭元素、陈景润在哥德巴赫猜想中摘取桂冠等，都是他们在寂寞、单调中，沉得住气，扎扎实实做学问，在反反复复冷静思索和数次实践中获得的成就。

成就事业要能忍受孤独、平心静气，这样才能深入"人迹罕至"

的境地，汲取智慧的甘泉，如果过于浮躁、急功近利，就可能适得其反，劳而无功。

小威和孙博同时被一家汽车销售店聘为销售员，同为新人，两人的表现却大相径庭：小威每天都跟在销售前辈身后，留心记下别人的销售技巧，学习如何销售更多的汽车，积极向顾客介绍各种车型，没有顾客的时候就坐在一边研究默记不同车款的配置；孙博则把心思放在了如何讨好领导上，掐算好时间，每当领导进门时，他都会装模作样地拿起刷子为车做清洁。

一年过去了，小威潜心业务，能力不断提升，终于得到回报，不仅在新人中销售业绩遥遥领先，在整个公司的业务中也名列前茅，得到了老板的特别关注，并在年底顺利被提升为销售顾问。孙博却因为没有把公关特长用在工作上，出不了业绩，甚至好几个月业绩不达标而濒临淘汰，部门领导也因此冷落了他。孙博在公司的地位岌岌可危，不久便被迫离职了。

其实，做演员很累，因为很容易被揭穿。我们在表演忙碌的时候很累，劳动量不亚于实际工作。因此，我们与其把大部分时间放在表演上，还不如真真正正做点事情。与其辛苦表演最后却换来竹篮打水一场空的结果，倒不如一开始就端正态度，沉住气，扎扎实实做事，这样我们在为公司创造业绩的同时，自己的能力与价值也得到了提升，今后要想谋求大的发展也就相对容易了。

庄子说："虚静恬淡，寂寞无为者，天地之平，而道德之至也。"持重守静乃是抑制轻率躁动的根本。浮躁太甚，会扰乱我们的心境，蒙蔽我们的理智，所谓"言轻则招扰，行轻则招辜，貌轻则招辱，好轻则招淫"，浮躁是为人之大忌。要想成就一番功业，就该戒骄戒躁，脚踏实地，扎扎实实地积累与突破，这样才能在人生路上走得稳，并且走得远。

在流行唱高调，凡事讲究"惊天动地""轰轰烈烈"的今天，低姿态的进取方式往往能够取得出奇制胜的效果。老子说："轻率就会丧失根基，浮躁妄动就会丧失主宰。"缄默沉静者，大用有余；轻薄浮躁者，小用不足。

做人切忌浮躁、虚荣、好高骛远，而应沉下心来，守住内心的宁静，淡泊名利，踏实求进。我们无论在工作中还是在生活中，都应该静下心来深入钻研，"见人所不能见，思人所不能思"，其结果也必然是成人所不能成。

因此，在人生的道路上，即使我们的希望一个个落空了，我们也要坚定，要沉着，要知道成功永远属于那些耐得住寂寞的人。

修为内在，成就外在

谁都知道季羡林是"国宝"级的大师，但他毫无架子，对下属、对助手、对学生关怀备至，博大无私。正因如此，季羡林赢得了校内外乃至全国广大师生的崇敬。有一篇别人写的关于季羡林的真实故事：

在北大新生入学的时候，一位学生因为身边的行李太多不好随身携带，因此把行李托付给一位老人。这位学生自己跑去新生报到处了，但是由于学生众多，等他把一切手续都办好后，他才发现已经过了很久，但是当他回来的时候那位老人一直在，他感谢了老人，却忘记询问老人是谁。

新生开学后不久要举行开学典礼，让这位新生惊讶的是，走上来致辞的副校长就是那天帮自己看东西的老人。至此，他才明白原来那是季羡林。

学问深处意气平。一个人的成就是他才能的外显。内在有修为，才能够外在有成就。平易随和才是真正的大家风范。

《格言联璧》中有一句话，叫"意粗性躁，一事无成；心平气和，千祥骈集"。心浮气躁事必难成。现实生活中，尤其是一些年轻人，渴望成就，却吝于成长；渴望卓越，却不能甘于平凡。他们不知道机遇来自自我提升，作为来自内在修为，一进公司就想要好的岗位和机遇，却认识不到自我差距。等到职业的"新鲜期"一过，就陷入浮躁的情绪中，轻则消极怠工，重则跳槽走人，这实在是很可惜的事情。

联想集团培养人才有一个方法叫作"缝鞋垫"与"做西服"。柳传志认为，培养一个战略型人才和培养一个优秀的裁缝是一样的道理，一开始不能给他一块上等毛料去做西服，而是应让他从缝鞋垫做起。不能操之过急，要一个一个台阶爬上去，最后才能做出好的西服。

杨元庆在 1988 年中国科技大学研究生毕业后来到联想，从推销员干起，两年后当上业务部经理，之后才调到最重要的微机事业部做总经理。在微机事业部他带领一群人拼搏，使联想电脑的市场份额在两年间获得了大的飞跃，1996 年更是在中国电脑市场上一马当先，令许多同行业厂家刮目相看。

郭为 1988 年研究生毕业后进入联想集团，是联想集团第一位有 MBA 学位的员工。他先后干过总裁秘书、公关部经理，一年后成为集团办公室的主任经理。在以后的 5 年里，他做过业务部门的经理、企划部的总经理，负责过财务部门的工作，后担任神州数码的领导。1994 年郭为被派到广东惠州联想集团新建的生产基地，担起创业的重任，之后又被派往香港联想负责投资事务。

1997 年 3 月，他又负责联想科技公司的成立工作，之后成功地完成了公司代理业务的整合。岗位变动频繁，每一次都是不同类型的业务。这期间他也有过失误，也曾在全体员工大会上作过检查，可以说经受过了无情的捶打与磨炼才走到了今天。

与 1979 年后诞生的一些新型企业相比，联想这种稳扎稳打、步步为营的人才培养的做法与耐心是极其少见的。今天联想能够有那么多位年轻的总经理领军作战，这种令人振奋的局面，从根本上与 20 世纪 80 年代末就开始的人才策略是分不开的。

只有在当前的工作中不断地磨砺和完善自己，才能够再在日后担当大任。《礼记·大学》中，有"止于至善"的说法，做工作和追求学问是一样的，都要有"止于至善"的精神，不断磨砺自己，精益求精，才能走向成功。

有一次，孔子带领众弟子去参观鲁桓公的庙宇，发现了一种叫"溢满"的容器，这种圆形容器倾斜而不易放平。

孔子不解地问守庙人，守庙人说："这是君王放置在座位右边的一种器具。当它空着的时候就会倾斜，装入一半水时就正立着，灌满了就翻倒过来。"

于是孔子就叫一个弟子往容器内灌水，果然是在水灌满的时候容器就翻倒过来了。孔子感慨地说："不错！哪有满而不翻的道理呢！"针对这种现象，孔子又趁机向弟子们讲述了一番做人的道理，即做人一定要谦虚，不能骄傲自满，要像大地一样低调沉稳、承载万物，像大海一样虚怀若谷、容纳百川。

当一个人觉得自己不需要提高的时候，就好像被灌满的容器一样，马上就要倾倒了，自满是一个人成长路上最大的阻碍。

我们应当做的就是保持一颗谦虚的心，唤醒自己内心深处对学习的渴望，在工作中不断提升自我，用持续的成长，带给自己持续的成功。同时，在生活中，保持一颗谦虚淡然的心，唤醒自己内心深处的宁静，在生活中不断提升自我。

欲速则不达，宁静以致远

孔子的弟子子夏在莒父做地方官，他来向孔子问政，孔子告诉他为政的原则："无欲速，无见小利；欲速则不达，见小利则大事不成。"意即要有远大的眼光，百年大计，不要急功近利，不要想很快就能拿成果来表现，也不要为一些小利益花费太多心力，要顾全到整体大局。"欲速则不达"便是其中的核心与关键，这是人所共知的道理，柏杨也曾说："躁进之士跟野心家不同，野心家有时候还可以克制自己，躁进之士则身不由己地到处寻觅可以撞门的别人的人头，更为劳苦、危险。"

一味地求急图快，结果只能是越急事情越办不好，这和人们常说的"心急吃不了热豆腐"是同一个道理。万事万物都有一定的发展规律，越是着急，就越是会把事情弄得一团糟。

有一个小朋友，很喜欢研究生物，很想知道蛹是如何破茧成蝶的。有一次，他在草丛中玩耍时看见一只蛹，便取了回家，日日观察。

几天以后，蛹出现了一条裂痕，里面的蝴蝶开始挣扎，想抓破蛹壳飞出。艰辛的过程达数小时之久，蝴蝶在蛹里辛苦地拼命挣扎，却无济于事。

小朋友看着有些不忍，想要帮帮它，便随手拿起剪刀将蛹剪开，蝴蝶破蛹而出。但没想到，蝴蝶挣脱以后，因为翅膀不够有力，根本飞不起来。

破茧成蝶的过程原本就非常痛苦与艰辛，但只有付出这种辛劳才能换来日后的翩翩起舞。外力的帮助，却让爱变成了害，违背了自然的规律。自然界中这一微小的现象放大至人生，意义深远。

现代社会中，许多人拥有的都是一颗躁进的心，于是，人们在不断跳槽中度过了人生中适合进步与发展的最佳时机，在金钱至上的追逐中失去了欢笑与幸福的能力，在"速度就是一切"的观念中迷失了自我。

有一个人这样诉说自己的苦闷："我这一两年一直心神不定，老想出去闯荡一番，总觉得在我们那个破单位待着憋闷得慌。看着别人房子、车子、票子都有了，心里慌啊！以前也做过几笔买卖，都是赔多赚少。我去摸奖，一心想摸成个暴发户，可结果花几千元连个声响都没听着，就没有影了。后来又跳了几家单位，不是这个单位离家太远，就是那个单位专业不对口，再就是待遇不好，反正找个合适的工作太难啊！天天像无头苍蝇一般，反正，我心里就是不踏实，闷得慌。"

这便是现代人典型的躁进心理，面对急剧变化的社会，不知所以，对前途毫无信心、心神不宁、焦躁不安。于是，行动之前通常缺乏思考，变得盲目，只要能满足自己想要的，甚至可以不择手段。

其实，静下心来，耐心地去追求自己想要的，成功就在不远处。

棋坛有"石佛"之称的韩国围棋第一高手李昌镐，他总是以一颗平常心来对待每次对弈，置胜负于外，只平心静气地走好每一步棋，借用一句《士兵突击》中的话就是"心稳了，手也就稳了"。出现劣势时，对手大多有些慌乱，而他依旧毫无表情，纹丝不动，而最终的胜者则常常是他。

与李昌镐相比，现代人大多患上了浮躁的心理疾病，它使人失去了对自我的准确定位，使人随波逐流，使人漫无目的地努力，最终的结果却是事与愿违。

其实，欲速则不达的道理大家都懂，但在实际行动中却总是背道而驰，就连宋朝著名的朱熹也曾犯过同样的错，直到中年时，才感觉到，速成不是创作的良方，之后经过一番苦功方有所成。他用"宁详毋略，宁近毋远，宁下毋高，宁拙毋巧"这16字箴言将"欲速则不达"作了最精彩的诠释。

罗马非一日建成；冰冻三尺，非一日之寒。追求效率原本没错，然而，一旦陷入躁进的旋涡之中，失败便已注定了。我们需铭记诸葛亮的"非淡泊无以明志，非宁静无以致远"，时时清除心灵深处的浮躁，时时提醒自己"一口吃不成个胖子"，及时地给自己的心灵洗个澡，去除那些躁进的因子，恢复一颗淡泊、宁静的心，人生才会拥有更大的幸福。

摒弃浮躁，抓住机遇

刚刚走上社会的年轻人，充满了蓄势待发的豪情、青春的朝气以及前卫的思想，梦想着丰厚的待遇和轰轰烈烈的事业。年轻人充满梦想，是件好事情，但他们往往不懂梦想只有在脚踏实地的工作中才能得以实现。

因此，面对丰富复杂的社会，他们往往会产生浮躁的情绪。在浮躁情绪的影响下，他们常常抱怨自己的"文韬武略"无从施展，抱怨没有善于识才的伯乐，以致年华耗尽也最终没有找准自己的人生位置。

许多浮躁的人都曾经有过梦想，却始终无法实现，到最后只剩下牢骚和抱怨，他们把这归因于缺少机会。实际上，生活和工作中到处充满着机会：学校中的每一堂课都是一个机会；每次考试都是生命中的一个机会；报纸中的每一篇文章都是一个机会；每个客户都是一个机会；每次训诫都是一个机会；每笔生意都是一个机会。这些机会会带来勇敢，培养品德，造就友谊。

脚踏实地的耕耘者在平凡的工作中创造了机会，抓住了机会，实现了梦想；而不愿俯视手中工作，嫌其琐碎平凡的人，只能在焦虑的等待中，度过不愉快的一生。因此，要想获得成功，唯一的捷径就是踏踏实实，摆脱浮躁的情绪，认真对待每一次机会。

一位学僧问禅师："师父，以我的资质多久可以开悟？"

禅师说："10 年。"

学僧又问："要 10 年吗？师父，如果我加倍苦修的话，又需要多久开悟呢？"

禅师说："得要 20 年。"

学僧很是疑惑，于是又问道："如果我夜以继日，不休不眠，只为禅修，又需要多久开悟呢？"

禅师说："那样你永无开悟之日。"

学僧惊讶道："为什么？"

禅师说："因为你只在意禅修的结果，如何有时间关注自己呢？"

禅师的意思是劝诫学僧，凡事切不可急。的确，想要成就一番伟业，关键在于戒除急躁，能够真正静下心来做好某件事，你越是急躁，就会在错误的思路中越陷越深，也就越难摆脱痛苦。

所谓"登高必自卑，行远必自迩"，正如爬山，你只能低着头，认真耐心地攀登。在付出辛劳努力之后，你才可以看到自己已经克服了重重困难，走过了无数险路。这样一次次的小成功，慢慢才会累积成大的更接近理想目标的成功。

一个人在工作中，不可能总是一帆风顺，事事遂心，难免会遭受挫折，甚至是失败。比如，你的想法得不到上司的支持、其他人阻挠你的工作、当你试图主动提建议时总是遭到白眼等，这些是每个在职场上奋斗的人都经历过的挫折，是难以避免的。

由于很多人心理素质较差，情绪浮躁，经不起一点点的失败，工作时一遇到挫折，就会对自己失去信心，一天到晚愁眉不展、怨天尤人，根本无法振作精神，即使有好机会使问题出现转机，也被这拉长的苦脸吓跑了。

相比之下，优秀的人在困难来临时，总是努力寻求新的机会，这样的人在职业生涯中会比别人达到更高的高度。

能否摆脱浮躁是决定一个人能否成功的关键。因此，每一天都要尽心尽力地工作，每一件小事情都要力争高效地完成。尝试着超越自己，努力做一些分外的事情。这样，即使机遇没有光临，但你也在为机会的来临而时时准备的行动中扩展、提升了自己的能力。

实际上，你可能已经为未来某一时刻创造出了另一个机遇。

长久潜伏林中的鸟，一旦展翅高飞，必然一飞冲天；迫不及待绽开的花朵，必然早早凋谢。了解了这个道理，你就会知道凡事焦躁是无用的。做事的大忌就是浮躁，克服浮躁方能成就大事。

沉住气才能成大器

"浮躁"在字典里解释为："急躁，不沉稳。"浮躁常常表现为：心浮气躁，心神不宁；自寻烦恼，喜怒无常；见异思迁，盲动冒险；患得患失，不安分守己；这山望着那山高，既要鱼也要熊掌；静不下心来，耐不住寂寞，稍不如意就轻易放弃，从来不肯为一件事倾尽全力。

随着经济发展如浪潮般步步攀高，浮躁的气息在社会中蔓延，几乎触及了参与其中的每一个人。很多人都想成功，却总是被成功拒之门外。

一个叫小付的人看到有人要将一块木板钉在树上，便走过去管闲事，想要帮那个人一把。小付对那人说："你应该先把木板头子锯掉再钉上去。"

于是，小付找来锯子，但没锯两三下又撒手了，想把锯子磨快些。于是他又去找锉刀，接着又发现必须先在锉刀上安一个顺手的手柄。于是，他又去灌木丛中寻找小树，可砍树又得先磨快斧头……

后来人们发现，小付无论学什么都是半途而废。小付从未获得过什么学位，他所受过的教育也始终没有用武之地，但他的祖辈为他留下了一些钱。他拿出 10 万元投资办一家煤气厂，可造煤气所需的煤炭价钱昂贵，这使他大为亏本。于是，他以9万元的售价把煤气厂转让出去，开办起煤矿来。可又不走运，因为采矿机械的耗资大得吓人。因此，小付把在矿里拥有的股份变卖成8万元，转入了煤矿机器制造业。从那以后，他便像一个滑冰者，在有关的各种工业部门中滑进滑出，没完没了。

正如小付困惑的那样，为什么自己付出那么多，终究一事无成呢？答案很简单，小付总是这山望着那山高，急于追求更高的目标，而不是在一个既定的目标上下功夫。要知道，摩天大楼也是从打地基开始的。小付这种浮躁的心态只能导致他最后两手空空。

很多人在做事情的时候不能静下心来扎扎实实地从基础开始，总是觉得踏踏实实地做事情的方法很笨，于是做什么事情都求快，想以最小的付出获得最大的利益。浮躁的心态让人不会专注地做一件事情，所以也就很难成功。在人生的牌局中，要想赢牌，浮躁是最大的敌人。

《士兵突击》中，许三多显然是一个"异类"，他不明白做人做事为什么要如此复杂，一切投机取巧、偷奸耍滑的世故做法，他都做不来，或者根本就没有想过。他有的只是本性的憨厚与刻入骨髓的执着。他做每一件小事都像抓住一根救命稻草一样，投入自己所有的能量和智慧，把事情做到最好，他这样做并不是为了得到旁人的赞赏与关注，只是因为这是有意义的。

许三多面对困难从来不说"放弃"，而是默默地承受，慢慢地解决，毫无抱怨，绝不气馁。当一个又一个问题被他以执着的劲头解决之后，他俨然成长为了一个巨人。他不会因为诱惑放弃忠诚，当老A部队的队长向他发出邀请时，许三多用一句"我是钢七连的第四千九百五十六个兵"作出态度鲜明的回答。

　　"许三多"已成为家喻户晓的人物形象，他被定格为一种沉稳、踏实的文化符号，成为"浮躁"的反义词。有句话说得好："世界上怕就怕'认真'二字。"如果我们能安下心来认真做一件事情，就没有做不好的。

　　很多人开始做事情时会满腔热血，但慢慢地这种热情会消退，最后就会被完全放弃。是什么原因让那么多人半途而废呢？是急于求成、不愿直面困难的浮躁心理。很多人好高骛远，总是急于看到事情的结果，而不能忍受事情完成的过程，当他们觉得这些事情没有意义时，于是选择了放弃。

　　古往今来，那些成大器者，无一不是沉稳、干练、能够耐得住寂寞的人。

　　在当今中国市场经济的大背景下，很少有人能按捺住自己一颗烦躁的心，守住自己可贵的孤独与寂寞。浮躁是一种情绪，一种并不可取的生活态度。人浮躁了，会终日处在又忙又烦的应急状态中，脾气会暴躁，神经会紧绷，长久下来，会被生活的急流所裹挟。凡成事者，要心存高远，更要脚踏实地，这个道理并不难懂。

　　踏实、沉稳，心平气和、不急不躁，抛开浮躁的心态，从身边的小事做起，脚踏实地地坚持，坚忍不拔地努力，我们才有可能达成人生的目标，走向成功。

静心过滤浮躁，留守安宁

　　心静，则万物莫不自得；心动，则事象差别现前。如何达到动静合一的境界，关键就在于我们的心是否能去除差别妄想。抛却心中的妄念，能够于利不趋，于色不近，于失不馁，于得不骄，进入宁静致远的人生境界。

心静可以沉淀出生活中许多纷杂的浮躁，过滤出浅薄、粗率等人性的杂质，可以避免许多鲁莽、无聊、荒谬的事情发生，不轻易起心动念，如此才能达到"心静则万物莫不自得"的境界。

约翰是一家大型航空公司的经理。一次偶然的邂逅让他学会了一种"坐在阳光下"的艺术，这让他第一次能够在忙碌的生活中找回宁静的心境。下面是他对这段宝贵体验的回顾：

在一个 2 月的早晨，我正匆匆忙忙走在加州一家旅馆的长廊上，手上满抱着刚从公司总部转来的信件。我是来加州度假的，但是仍无法逃脱我的工作，还是得一早处理信件。当我快步走过去，准备花两个小时来处理我的信件时，一位久违的朋友坐在摇椅上，帽子盖住他部分眼睛，他把我从匆忙中叫住，用缓慢而愉悦的南方腔说道："你要赶到哪儿去啊，约翰？在我们这样美好的阳光下，那样赶来赶去是不行的。过来这里，好好'嵌'在摇椅里，和我一起练习一项最伟大的艺术。"

这话听得我一头雾水，疑惑地问道："和你一起练习一项最伟大的艺术？"

"对，"他答道，"一项逐渐没落的艺术。现在已经很少人知道怎么做了。"

"噢，"我问道，"请你告诉我那是什么，我没有看到你在练习什么艺术啊。"

"有哦！我有，"他说道，"我正在练习'只是坐在阳光下'的艺术。坐在这里，让阳光洒在你的脸上，感觉很温暖，闻起来很舒服，你会觉得内心很平静。你曾经想过太阳吗？

太阳从来不会匆匆忙忙，不会太兴奋，它只是缓慢地善尽职守，也不会发出嘈杂声——不按任何钮，不接任何电话，不摇任何铃，只是一直洒下阳光，而太阳在一刹那间所做的工作比你加上我一辈子所做的事还要多。想想看它做了什么？它使花儿开，使大树长，使地球暖，使果蔬旺，使五谷熟；它还蒸发了水，然后再让它回到地球上来，它还使你觉得有'平静感'。"

"我发现当我坐在阳光下，太阳在我身上起作用了，它洒在我身上的光线给了我能量。这是我花时间坐在阳光下的赏赐。"

"所以请你把那些信件都丢到角落去，"他说道，"跟我一起坐到这里来。"

我照做了。当我后来回到房间去处理那些信件时，我几乎一下子就完成了工作。这使得我还留有大部分的时间来做度假的活动，也可以常"坐在阳光下"放松自己。

内心的平静是智慧的珍宝，它和智慧一样珍贵，比黄金更令人垂涎。拥有一颗宁静之心，比那些汲汲于赚钱谋生的人更能够体验生命的真谛。

如今，越来越多的人开始学习追求内心的平静。冥想和静思已经成为一种时尚。他们通过各种沉思冥想训练自己，让注意力在宇宙间飘浮，不被焦虑所困。

伊斯华伦在他的书《征服心灵》中说："在深沉的冥想中，我们的心灵是静止、宁静而澄净的。这是我们童稚时期的天真状态，借此我们才知道自己是谁，以及生命的目的是什么。"

生活中，有千千万万个像约翰一样忙于工作而无暇自顾的人。针对这种情况，我们应该考虑是否该独处一段时间了。我们可以找一个时间让自己静一静，将宁静从自己的心中重新找回来。每天花点时间进行静思。这种练习能使你的精神活动放慢。一旦你放慢内在混乱状态的活动的速度，那么外在生活自然也就慢下来了。如果你的外在生活被塞得满满的，如果你习惯于寻求外在的成就感，就应该尝试一下这种方法。

唯有宁静的心灵，才不眼热于显赫权势，不奢望成堆的金银，不乞求声名鹊起，不羡慕美宅华第，因为所有的眼热、奢望、乞求和羡慕，都是一厢情愿，只能加重生命的负荷，加速心灵的浮躁，使我们与豁达康乐无缘。

按住浮躁，守住一份安宁，人生自得闲情逸致。

少一分躁动，多一分平静

为什么同样的环境和条件、差不多的基础,有的人业务进步明显,三两年就成了公司的骨干，升职加薪，而有的人却频繁跳槽，应聘的工作单位一个接一个，能力却没有太大的提高？这其中的差别主要就在心态上。

真正的进取心是体现在脚踏实地上的，离开了脚踏实地的精神，进取心就成了一句空话。只有务实的人才能够在成功的道路上走得更远。

一个人即便是名校 MBA 毕业，学识和能力都很强，如果不能够安于岗位，为企业创造价值，也很难在事业上有所成就。

1999 年 9 月，阿里巴巴网站建立了。马云立志要使之成为中小企业敲开财富之门的引路人。

同年 10 月，阿里巴巴获得以高盛牵头提供的 500 万美元风险资金，马云立即着手的一件事情就是，从香港和美国引进大量的外来人才。

马云对外宣称"创业人员只能够担任连长及以下的职位，团长级以上职位全部由 MBA 担任"。当时，在阿里巴巴 12 个人的高管团队成员中除了马云自己，全部都来自海外。接下来几年，阿里巴巴聘用了更多的 MBA，包括哈佛、斯坦福等学校的 MBA，还有国内知名大学毕业的 MBA。但是，后来这些 MBA 中 90% 以上都被马云开除了。

后来，谈及这次人才引进，马云认为，这批毕业于名校的 MBA 素质并不十分让人满意。"很多 MBA 进了阿里巴巴之后，基本的礼节、专业精神、敬业精神都非常缺失，认为自己是精英、高级管理者，不肯虚下心来、脚踏实地，一进来就要求年薪至少 10 万元，一开口全都是战略，往往是讲的时候热血沸腾，但做的时候不知道从哪儿做起。"

由此，马云总结出一个关于人才使用的理论：只有适合企业需要的人才是真正的人才。他把当初引进 MBA 的事情做了一个比喻：就好比把飞机的引擎装在了拖拉机上，最终还是飞不起来。

企业引进人才是为了更好地发展，获得更大的效益，而不是为了装点门面。如果引进的 MBA 不能为企业带来效益，没有企业会欢迎这样的人。一个人无论有多大的才能和志向，只有脚踏实地，才能够做出成绩来。对于那些不能安下心来的高学历人才来说，显赫的学历反而成了成功路上的绊脚石。

　　同等条件下，安静的人比躁动的人在人生和事业上走得更远。某公司的董事长黄先生，在员工大会上讲了这样一件事。

　　在黄先生的公司里，有两位很出色的员工——袁先生和高小姐，均被另外一家公司看上，想以高薪挖走他们。袁先生看到对方提出的薪酬比黄先生的高，于是很快就递交了辞职信。黄先生对他说："你再考虑一下，那家公司很可能只是要利用你。"但袁先生没有听从黄先生的劝告，坚决地投奔了那家公司。

　　而高小姐却拒绝了那家公司的高薪聘请，选择继续留在黄先生的公司，一直勤勤恳恳地工作。后来，跳槽的袁先生果真如黄先生所料的那样，并没有得到重用。没过多长时间，当那家公司利用完袁先生以后，就把他"踢"出门外。

　　而选择留下的高小姐，当时已经是黄先生公司中国区的总裁了。

　　黄先生最后总结道："你来工作，并不是为了薪水这个目标，而是谋求将来的发展。那位袁先生看到的只是眼前的小利，而高小姐看得却很长远，她选择的是发展，像这种员工就值得去栽培。尽管发展之路开始时可能很艰难，但走到后面却是一条黄金之路。如果连路都是黄金铺成的，那还怕没钱吗？"

　　故事中的高小姐，面对竞争对手公司的高薪聘请，不为所动，仍能够安于岗位、脚踏实地，因此她取得了比袁先生更好的发展机会。

　　在战争中，躁动的人会吃败仗，甚至会失去性命。在工作生活中，躁动的人容易见异思迁、误入歧途；躁动也会使一个人变得冷漠，导致家庭关系、人际关系失和；过度躁动会产生焦虑，严重时会危害身心健康。

　　纵观古今中外，凡成大事者，无一不是具备沉稳的性格，经得起诱惑，耐得住寂寞，无论在什么环境中都保得住操守，不忘记自己的方向。

因此，我们要有所成就，就应该学会克服内心的浮躁，让自己慢慢沉淀下来。少一分躁动，多一分平静。

去除妄念，安之若素

去除杂念，心静如水，人的天性便会出现。不求得心的平静，却一味追寻人的天性，那就好比拨开波浪而去捞水中的月亮一样。

静是什么？是泰山崩于前而色不变，是大胸襟，也是大觉悟，非丝非竹而自恬愉，非烟非茗而自清芬。静，是一种大知大觉的灵机，是高山野云般的空灵智慧，是修佛之人必持的禅定智慧。

证严法师曾说："宁静即释迦。"我们的心若能常常清静，没有贪、嗔、痴，遇到什么境界都不受影响——不论外在的利诱，或是险恶的威胁，内心都不受其影响，这就叫宁静。

静不是任何人能独享的状态，但却是任何人都能达到的境界。对生活紧张而焦灼的人来说，很难品味到静的清芬与恬愉。

可是忙忙碌碌一生，我们却又未必能真正获得快乐。与其让浮躁影响我们正常的思维，不如放开胸怀，静下心来，默享生活的原味。毕竟唯有宁静的心灵，才不营营于权势显赫，不奢望金银成堆，不乞求声名鹊起，不羡慕美宅华第，因为所有的营营、奢望、乞求和羡慕，都是一厢情愿，只能加重生命的负荷，加速心灵的浮躁，而与豁达康乐无缘。

有三个愁容满面的信徒去请教无德禅师，如何才能活得快乐。

无德禅师："你们先说说自己活着是为了什么。"

甲信徒道："因为我不愿意死，所以我活着。"

乙信徒道："因为我想在老年时，儿孙满堂，会比今天好，所以我活着。"

丙信徒道："因为一家老小靠我抚养，我不能死，所以我活着。"

无德禅师："你们当然都不会快乐，因为你们活着，只是由于恐惧死亡，由于等待年老，由于不得已的责任，却不是由于理想、由于责任，人若失去了理想和责任，就不可能活得快乐。"

甲、乙、丙三位信徒齐声道："那请问禅师，我们要怎样生活才能快乐呢？"

无德禅师："那你们想得到什么才会快乐呢？"

甲信徒道："我认为我有金钱就会快乐了。"

乙信徒道："我认为我有爱情就会快乐了。"

丙信徒道："我认为我有名誉就会快乐了。"

无德禅师听后，深不以为然，就告诫信徒道："你们有这种想法，当然永远不会快乐。当你们有了金钱、爱情、名誉以后，烦恼忧虑就会随着到来。"

三位信徒无可奈何地道："那我们怎么办呢？"

无德禅师："办法是有，但你们先要改变观念，金钱要布施才有快乐，爱情要肯奉献才有快乐，名誉要用来服务大众，你们才会快乐。"

信徒们终于听懂了生活上的快乐之道！

宁静可以沉淀出生活中许多纷杂的浮躁，过滤出浅薄粗率等人性的杂质，可以避免许多鲁莽、无聊、荒谬的事情发生。

宁静是一种气质、一种修养、一种境界、一种充满内涵的悠远。

安之若素，沉默从容，往往要比气急败坏、声嘶力竭更显涵养和理智。

那么，该如何进入静之境？

不轻易起心动念——这或许是达到"心静则万物莫不自得"境界的最佳途径。有些时候，人真的不必太急功近利，不如将心放缓，随青山绿水而舞，见鱼跃鸢飞而动。水流任急境常静，花落虽频意自闲。此心常在静处，荣辱得失，谁能差遣我？

我们常人之所以有分别，完全因为起心动念。如何达到动静一如的境界，关键就在你的心是否能去除差别妄想。

人淡如菊自飘香

"人淡如菊"是一种平实内敛、拒绝傲气的心境。人淡如菊，要的是菊的内敛和朴实。生活中不缺少激情，但是激情都是一刹那的事，生活终将归于平淡，人终将归于平淡，一如平实淡定的菊花。人淡如菊，不是淡得没有性格、没有特点，也不是"独傲秋霜幽菊开"的孤傲和清高。人淡如菊，是清得秀丽脱俗，雅得韵致天然的一种遗世独立的从容与淡定。人淡如菊是懂得舍得的洒脱。

人生多秋，总难以事事如意，且无法达到古风再现，毕竟红尘俗事难了，仅有心定的意境还是能够修到的。随心，随缘，随遇，行到水穷处，坐看云起时。落花无言而有言，人淡如菊心亦素。人眼处皆花，花落无声。人亦淡泊自如，若同那菊。

一个流浪歌手，抱着一把电吉他，站在车水马龙的街头唱着一首叫不出名字的歌曲。一曲罢了，他说："我6岁的时候知道自己得了先天性心脏病，这种病无法治愈。妈妈告诉我，以后不能太悲伤，也不能太高兴，因为不论是悲伤还是高兴，都会刺激心脏。"

他笑了，是那种淡得像水一样的微笑，"但是，我还是想做一些努力，为自己筹一些钱，希望能到上海或者北京的大医院去治疗。"

他的歌唱得挺好的，人围得越来越多，给的钱也越来越多。有一个人挤进人群，看了看流浪歌手，大声对他说："骗人的吧，街头像你这样的人多得是，谁知道你有没有心脏病？"

流浪歌手的脸抽搐了一下，又浅浅地笑了。他说："不是我选择了此生，而是此生选择了我。"在场的人并没有听懂。

这是一种旷世的淡然情感。命运之潮非常强大，许多时候并非人力所能扭转，"认命"并不见得是一件坏事。"不是我选择了此生，而是此生选择了我"，这样笑对人生，才能把苦难放下，有责任地去面对多舛的命运。

生活应该是淡淡的，如菊般刚毅，如菊般纯洁，如菊般潇洒，如菊般自傲。不管外界是春夏或秋冬，不管诧异或迷惑的眼光，只一心坚持自己的理想。为美好的生活、为理想的人生怒放一生的芬芳，尽全力释放人生里极致的美丽。

大部分人的人生犹如平凡的菊花茶，没有闪耀的光环，也不是什么珍贵的品种。大部分人都可以品尝拥有，不管你愿意不愿意，如果不努力，从一出生便注定要守着清贫，耐着平凡度过一生。

但是，菊花茶的人生清淡中透着甘甜，开始品尝的时候或许会有些苦涩，但随后而来的便是清淡的芬芳和耐人寻味的甜美。

处变不惊，泰然自若

当震惊突然来临时，能使人变色，但是，如果能吸取教训，戒慎恐惧，便不会惊慌失措，而能冷静地面对，镇定自若。《易经》震卦中所说的惊雷是一种自然现象，用它比喻人世间的震动和各种不平凡的情况，人们对此应该冷静面对，理智地去处理。如果在面对震动时能够沉着冷静，我们就能得到更客观的评价，就能迅速找到正确有效地解决问题的方法。

一位空军飞行员说："第二次世界大战期间，我担任 F6 战斗机的驾驶。头一次任务是轰炸、扫射东京湾。从航空母舰上起飞后，一直保持高空飞行，然后再以俯冲的姿态滑落至目的地 300 米上空执行任务。

"然而，正当我以雷霆万钧的姿态俯冲时，飞机左翼被敌军击中，顿时翻转过来，并急速下坠。

"当时我发现海洋竟然在我的头顶。你知道是什么东西救了我一命吗？

"我接受训练期间，教官一再叮咛说，在紧急状况中要沉着应付，切勿轻举妄动。飞机下坠时，我就只记得这么一句话，因此，我什么机器都没有乱动，我只是静静地想，静静地等候把飞机拉起来的最佳时机和位置。最后，我果然幸运地脱险了。假如我当时顺着本能的求生反应，未待最佳时机就胡乱操作了，必定会使飞机更快下坠而葬身大海。"

他再强调："一直到现在，我还记得教官那句话：'不要轻举妄动而自乱脚步；要冷静地判断，抓住最佳的反应时机。'"

　　成功人士总是在明晰情况后才付诸行动。可以想象，如果方向错了，行动越快，显然会陷得越深。只有处变不惊，才能有效地处理问题。

　　沉不住气的人遇到紧急情况时最容易失败，因为急躁的情绪已经占据了他们的心，他们没有时间考虑自己的处境和地位，更不会坐下来认真思索有效的对策。在发展进步的过程中，面对大的震惊，不要惊慌失措，要镇定自若，冷静地去面对，这是一个人的气度和能耐。这种气度和能耐来自于理智的头脑，这种气度和能耐使人在大的变动中沉着应对，处变不惊。

　　1952年，尼克松参加了艾森豪威尔的总统竞选班子。就在这时，有人揭发：加利福尼亚的某些富商以私人捐款的方式暗中资助尼克松，而尼克松将那笔钱据为己有。

　　尼克松据理反驳，说那笔钱是用来支付政治活动开支的，自己绝没有据为己有。但是，艾森豪威尔要求他的竞选伙伴必须像猎狗的牙齿一样清白，于是准备把尼克松从候选人名单中除去。

　　在1952年10月的一天晚上，10点30分，全国所有的电视台都将各自的镜头、话筒对准了尼克松，他不得不通过电视讲话解释这件事，为自己的清白辩护。尼克松在讲话中并没有单刀直入地为自己辩护，而是多次提到他的出身如何卑微、如何凭借自己的勇气和勤奋工作才得以逐步上升的。这合乎美国竞争面前人人平等的国情，博得了国民的同情。

　　说着说着，他话题一转，似乎是顺便提起了一件有趣的往事，他说道："在我被提名为候选人后，的确有人给我送来一件礼物。那是在我们一家人动身去参加竞选活动的当天，有人寄给了我家一个包裹。我前去领取，你们猜是什么东西？"

尼克松故意打住，以提高听众的兴趣。"打开包裹一看，是一个箱子，里面装着一条西班牙长耳朵小狗，全身有黑白相间的斑点，十分可爱。我那 6 岁的女儿特莉西亚喜欢极了，就给它起了一个名字，叫'棋盘'。大家知道，小孩子都是喜欢狗的。所以，不管人家怎么说，我打算把狗留下来……"

事后，美国的一份娱乐杂志把这次"棋盘演说"嘲讽为花言巧语的产物。好莱坞制片人达里尔·扎纳克则说："这是我从未见过的最为惊人的表演。"

尽管如此，最后事情的发展完全出乎大家的意料，成千上万封赞扬尼克松的电报涌进了共和党全国总部，尼克松也因为表现出色而最终被留在了候选人的名单上。

因此，我们可以看到，处变不惊是卓越的基础，只有这样才能让自己不乱方寸，在谣言的旋涡中站住脚，以便伺机出手反击。处变不惊更是保证我们准确判断的重要因素，它能使我们产生正确的决策和行之有效的计划。处变不惊更是一种出色的自制力，使我们能够直接切中问题的要害，达到自己满意的效果。

第五章

放弃过去，选择新生：关上昨天那扇门

丢掉多余的东西

铁匠打了两把宝剑。

刚刚出炉时它们一模一样，又笨又钝。

铁匠想把它们磨快一些。

其中一把宝剑想，这些钢铁都来之不易，还是不磨为妙。

它把这一想法告诉了铁匠。

铁匠答应了它。

铁匠去磨另一把剑，这把没有拒绝。

经过长时间的磨砺，一把寒光闪闪的宝剑磨成了。

铁匠把那两把剑挂在店铺里。

不一会儿就有顾客上门，他一眼就看上了磨好的那一把，因为它锋利、轻巧、合用。

而钝的那一把，虽然钢铁多一些、重量大一些，但是无法把它当宝剑用，它充其量只是一块剑形的铁而已。

同样出自一个铁匠之手，同样的功夫打造，两把宝剑的命运却有着天壤之别！锋利的那把又薄又轻，而另一把则又厚又重；前者是削铁如泥的利器，后者则只是一个中看不中用的摆设而已。

人生的道理，也与此类似。人生的目的不是面面俱到，不是多多益善，而是把已经掌握的东西得心应手地去运用，它跟宝剑一样，剑刃越薄越好，重量越轻越好。

多余的东西，无论是多余的财富还是多余的知识，都像剑刃上多余的钢铁，应该毫不吝惜地磨掉！

有只狐狸被猎人用套夹夹住了一只爪子，它毫不迟疑地咬断了那只小腿，然后逃命。放弃一只腿而保全一条性命，这是狐狸的哲学。人生亦应如此，在生活强迫我们必须付出惨痛的代价之前，主动放弃局部利益而保全整体利益是最明智的选择。智者曰："两弊相衡取其轻，两利相权取其重。"趋利避害，这也正是放弃的实质。

生活中，常有不好的境遇不期而至，搞得我们猝不及防，这时我们更要学会放弃。放弃焦躁性急的心理，安然地等待生活的转机，让自己对生活、对人生有一种超然的态度，即使我们达不到这种境界，我们也要学会在放弃中活得洒脱一些。

在人生的旅途中，需要我们丢掉的东西很多，古人云："鱼和熊掌不可兼得。"如果不是我们应该拥有的，就要学会放弃。只有学会放弃，才会活得更加充实、坦然和轻松。

因为热爱才放弃

曾经有个年轻的建筑师一直苦于自己无法突破前辈们出色的建筑设计，他只能跟在大师后面亦步亦趋，这使他感到十分沮丧。

于是，他暂时告别了自己热爱的工作，带上所有的积蓄准备游览全世界的著名建筑。

当他跋山涉水走过了一个又一个城市，游览了一个又一个国家的雄伟建筑，最后来到一个无与伦比的辉煌建筑——闻名世界的泰姬陵时，他被这绝无仅有的建筑迷住了。

他的灵感顿时泉涌般喷泻而出，他完成了一个又一个出色的建筑设计。

他成了知名度颇高的建筑设计师。

因为热爱才放弃，当思路被阻塞时，暂时放弃，换一种方式也许能突破自己。

美国年仅 21 岁的奥运会游泳冠军萨·桑德斯，在一次游泳大奖赛的发奖仪式上正式宣布退役。参加仪式的来宾无不感到惊讶：她还那么年轻！

她不是因为超龄，不是因为受伤，不是因为要结婚，不是为了任何客观原因，她对一家报纸的记者说："我已经不再热爱这项运动。"

惊人的坦诚！对于曾抛洒了那么多青春血汗的游泳运动，她一定深深热爱过，她一定曾为之竭尽全力。但那一切并非不可以这样结束，并非总要苦苦支撑拖沓到力不从心，并非因曾经付出就必须与之纠缠不清，并非因曾经热爱就非要在告别时有一个暧昧的过程。

因为热爱，我们竭尽全力；因为热爱，我们洒脱放弃。某种程度上，洒脱放弃也是一种热爱。

舍掉一些无谓的忙碌

大家都有这样的经验：从早到晚忙忙碌碌的，没有一点空闲，但当你仔细回想一下，又觉得自己这一天并没有做什么事。这是因为我们花了很多时间在一些无谓的小事上，泛滥的忙碌只会让我们失去自由。

某杂志曾经报道过一则封面故事"昏睡的美国人"，大概的意思是说：很多美国人都很难体会"完全清醒"是一种什么样的感觉。因为他们不是忙得没有空闲，就是有太多做不完的事。

美国人终年"昏睡不已"，听起来有点不可思议。不过，这并不是好玩的笑话，这是极为严肃的话题。

仔细想一想，你一年之中是不是也像美国人一样，没多少时间是"清醒"的？每天又忙又赶，熬夜、加班、开会，还有那些没完没了的家务，几乎占据了你所有的时间。有多少次，你可以从容地和家人一起吃顿晚饭？有多少个夜晚，你可以不担心明天的业务报告，安安稳稳地睡个好觉？

应接不暇的杂务明显成为日益艰巨的挑战。许多人整日行色匆匆，疲惫不堪。放眼四周，"我好忙"似乎成为一般人共同的口头禅，忙是正常，不忙是不正常。试问，还有能在行程表上挤出空档的人吗？

奇怪的是，尽管大多数人都已经忙昏了，每天为了"该选择做什么"而无所适从，但绝大多数的人还是认为自己"不够"。这是最常见的说法，"我如果有更多的时间就好了""我如果能赚更多的钱就好了"，好像很少听到有人说："我已经够了，我想要的更少！"

事实上，太多选择的结果，往往是变成无可选择。即使是芝麻绿豆大的事，都在拼命消耗人们的精力。根据一份调查，有 50% 的美国人承认，每天为了选择医生、旅游地点、该穿什么衣服而伤透脑筋。

如果你的生活也不自觉地陷入这种境地，你要来个"清理门户"的行动，那么以下有三种选择：第一，面面俱到。对每一件事都采取行动，直到把自己累死为止。第二，重新整理。改变事情的先后顺序，重要的先做，不重要的以后再说。第三，丢弃。你会发现，丢掉的某些东西，其实是你一辈子都不会再需要的。

当你发现自己被四面八方的各种琐事捆绑得动弹不得的时候，难道你不想知道是谁造成今天这个局面？是谁让你昏睡不已？答案很明白——是你，不是别人。

昏睡中忙碌着的你我，必须学会割舍，才能清醒地活着，也才能享受更大的自由。

舍小利，成大德

唐代宰相张公艺的家族一向以九代同居、和睦相处著称于世，为世人所艳羡。一天，唐高宗亲自去到他家，向他询问维持这么一个大家庭的和睦的诀窍，张公艺没说话，只是让家仆取来一纸一笔，一口气写下了一百多个"忍"字。高宗看后不禁连连点头，赏赐了他许多绸缎与玉帛。

俗语讲得好："小不忍则乱大谋。"有时舍小利亦可成大德。

　　清朝乾隆年间，郑板桥在外地做官。忽然有一天，收到在老家务农的弟弟郑墨的一封来信。弟兄俩经常通信，然而这一次却非同寻常。原来弟弟想让哥哥出面，到当地县令那里说说情。这一下子弄得郑板桥很不自在。这郑墨粗识文墨，原也不是个好惹是生非之徒，只是这次明显受人欺侮，心里的怨恨实在咽不下去。原来，郑家与邻居的房屋共用一墙。郑家想翻修老屋，邻居出来干预，说那堵墙是他们祖上传下来的，不是郑家的，郑家无权拆掉。其实，这契约上写得明明白白，那堵墙是郑家的，邻居借光盖了房子。这官司打到县里，审无结果，双方都难免求人说情。郑墨自然想到了做官的哥哥，想来有契约在，再加上哥哥出面说情，官官相护嘛，这官司就必赢无疑了。郑板桥考虑再三，给弟弟写了一封旨在息事宁人的信，同时寄去了一个条幅，上写"吃亏是福"4个大字。同时又给弟弟另附了一首打油诗：

　　千里告状只为墙，

　　让他一墙又何妨；

　　万里长城今犹在，

　　不见当年秦始皇。

　　郑墨接到信，当即撤了诉状，向邻居表示不再相争。那邻居也被郑氏兄弟的一片至诚所感动，也表示不继续闹下去。于是两家重归于好，仍然共用一墙。这在当地一时传为佳话。

　　大凡平民百姓，最难吃亏的是财，最难忍受的是气，往往被气所激，被财所迷，导致局面不可收拾。一打官司，难免为了争个输赢而打点官府衙门，大多是丢了西瓜，捡个芝麻，为人耻笑，自己倾家荡产。这样的关口，两相争必相伤，两相和必各保，实在不值得争赢斗狠，埋下深仇大恨的种子。

低一低头

有一道脑筋急转弯的题：飞机在空中盘旋，紧紧咬住装载紧急救援物资的卡车。就在这危急时刻，前面出现一个桥洞，且洞口低于车高几厘米，问卡车如何巧妙穿过桥洞。

这道题的答案就是——把车轮胎放掉一部分气。在生活中时常会品味这道叫人常品常新的"难题"。开始时不是一筹莫展，搞得焦头烂额，就是硬往前撞，哪管它三七二十一。勇气固然可嘉，但效果往往会适得其反，事情被弄得越发糟糕。毫无价值的牺牲，最终受害的是自己。随着"吃一堑"的增多，我们的"智"也在增长，在每逢遇到类似的难题时，我们要学会如文中开头的司机，给车胎放一点气——低一低头。

纵观历史，也有可以借鉴的镜子。越王勾践低下头，卧薪尝胆，最终收回旧山河。三国刘备再三低头，从三顾茅庐到孙刘联合，每一次低头，都会踱到"柳暗花明又一村"，终于成就"三足鼎立"的辉煌。

某人在广告公司谋事，由于年轻易冲动，得罪了经理。于是，在以后的日子里，每次开会他都自然而然成为会议的第一个主题——挨批。被批得面目全非的他，真想一走了之。但是他转念一想，如果真的走了，一些罪名不光洗不清，而且会被蒙上厚厚的污垢；再者，这是一家很有名气的广告公司，自己完全可以从中源源不断地得以"充电"。于是他坚持留了下来，整理好乱七八糟的心情，低头实干，以兢兢业业的工作来为自己疗伤，以实实在在的业绩回击谎言。一笔又一笔的业务，增添了他的信心，也让他积攒下了许多经验与财富。最重要的是，从中总结出的"给车胎放气"的处世哲学，使他终身受益。

漫漫人生路，有时退一步是为了踏千重山，或是破万里浪；有时低一低头，是为了日后昂扬成擎天柱，是为了成惊天动地的响雷；如此的低一低头，即便今日成渊谷，即便今秋化作飘摇落叶，明天也足以抵达珠穆朗玛峰的高度，明春依然会笑意盎然，傲视群雄。

进得来也要出得去

"一头栽下去"，是很多人恋爱时都要经历的过程。但是你可知道，很多事情都能和爱情一样让你深深陷进去。譬如，工作就能让人在不知不觉中陷入"无法自拔"的境地。

在这个以工作为导向的社会里，产生了无数对工作狂热的人。他们没日没夜地工作，整日把自己压缩在高度的紧张状态中。每天只要睁开眼睛，就有一大堆工作需要做。

如果要判定一个人是不是"工作狂"，最直接的方法就是放假。因为，有很多工作狂最讨厌节日，尤其是放长假，对他们而言，简直就是一种折磨。只要一闲下来，他们就会闷得发慌，恨不得赶紧逃回办公室里。

其实，工作狂不单单指做事的状态，也是一种心理的状态。据心理研究人员分析，具有工作狂特质的人大都是目标导向的完美主义者。一切以原则挂帅，他们企图从工作中获得主宰权、成就感与满足感，生活完全受工作支配。他们相信只有工作才是一切意义的所在，活动、人际关系对他们来讲都是无关紧要的。

从第一天工作开始，某外企大中华区经理泰德心里只有一个目标——希望自己在 30 岁的时候能挣得一个好的位置。由于急于求表现，他几乎是拼了命工作。别人要求 100 分，他非要做到 120 分不可，总是超过别人的预期。

那段时间，泰德整个心思完全放在工作上，不论吃饭、走路、睡觉，几乎都在想工作，其他的事一概不过问。对他而言，下班回家，只不过是换一个工作场所而已。

拼命工作的结果不仅使他与家庭产生了距离，与员工更是形成对立的局面。而他自己，其实过得也并不快乐，常常感觉处在心力交瘁的状态。

当时，泰德不认为自己有错，觉得自己做得理所当然；反而责怪别人不知体谅，不肯全力配合。不过，慢慢地他发现，纵然自己使尽了全力，也还是追不到自己想要的。

35 岁以后，泰德才开始领悟，过去的态度有很大的偏差。处处以工作成就为第一，没有想到工作只是人生的一部分，而不是全部。虽然，口口声声说是为了别人，但其实是为了掩盖自己追求虚荣的心理。

泰德不否认人应该努力工作。但是，在追求个人成就的同时，不应该舍弃均衡的生活；否则，就称不上完整的人生。泰德的领悟是这样的：工作既要进得来，还要出得去。只有进得来才能把工作做好，而只有出得去才能均衡生活，使自己的人生更丰富、更有意义。

重新调整脚步之后，泰德发现比较喜欢现在的自己，爱家、爱小孩，还有自己热衷的嗜好。他没想到这些过去自己所不屑、认为是浪费时间的事，现在却让他得到非常大的满足。对于工作，他还是很努力，至于结果，一切随缘。

放下才能解决

两个男孩因为贪玩，耽误了上课时间。一个说，现在赶回去一样也是迟到，索性玩下去算了；另一个虽然觉得这样不妥，但是想到难缠的班主任老师盘问起来没个完，一时也想不出怎样对付，再说正玩在兴头上……

两个男孩玩了一整天。回家路上，他们谁也不跟谁说话，各自心里打着算盘，回去怎样向父母交代。

一个男孩想：此刻，也许班主任老师正在往他家里打告状电话……爸爸放下电话，一屁股在电话机旁边的沙发上坐下来，然后摸出香烟来抽。正常情况下，妈妈只允许他在阳台上抽烟。除非是这种"非常时候"他才可以得到妈妈的"豁免权"。总之，今天晚上的日子不会好过。其实他能说的只有一句话：旷课是错误的，以后我改正。可是，说与不说效果差不多，非得承受几个小时的"折磨"。转念一想，有了！前几天数学测验得了个满分，回去先"报喜"，然后再承认今天的错误。想不到这个先声夺人、"将功补过"的招数果然奏效。

另一个男孩就不那么幸运了。这一路上他为自己设计了好几套说辞，企图蒙混过关。比如，路上捡到了钱包，为了等失主……最后还是决定把责任推给他的"同谋"，要不是他的撺掇，最多是迟到，何至于旷课呢？当然，他的父母没有因此而原谅他，理由很简单，自己犯了错，还往别人身上推，错上加错。

有一幅漫画，画着一架飞机和一只小鸟并头齐飞，题目是《懂得如何放下问题的人，胜过知道怎样解决问题的人》。飞行员看到迎面而来的小鸟，与其绞尽脑汁思考怎样对付它，不如转身顺着它一起飞。大概这就是这幅画的意思吧。

很多时候，问题就像个包袱，挡着你的出路，何不暂且把它搁置一旁，以积蓄新的力量，采取一个新的姿势去实现目标？试想，一个全身挂满了包袱的人，挪一步都会非常吃力，又怎么能够奔跑起来呢？

丢弃旧我，接纳新我

我们一定有过年前大扫除的经历吧。当你一箱又一箱地打包时，一定会很惊讶自己在过去短短一年内，竟然累积了这么多的东西。然后懊悔自己为何事前不花些时间整理，淘汰一些不再需要的东西，如果那么做了，今天就不会累得你连脊背都直不起来。

大扫除的懊恼经验，让很多人懂得一个道理：人一定要随时清扫、淘汰不必要的东西，日后才不会变成沉重的负担。

人生又何尝不是如此！在人生路上，每个人都在不断地累积东西。这些东西包括你的名誉、地位、财宝、亲情、人际关系、健康等，当然也包括了烦恼、苦闷、挫折、沮丧、压力等。这些东西，有的早该丢弃而未丢弃，有的则是早该储存而未储存。

在人生道路上，我们几乎随时随地都得做自我"清扫"。念书、出国、就业、结婚、离婚、生子、换工作、退休……每一次挫折，都迫使我们不得不"丢掉旧我，接纳新我"，把自己重新"扫"一遍。

不过，有时候某些因素也会阻碍我们放手进行扫除。譬如：太忙、太累，或者担心扫完之后，必须面对一个未知的开始，而你又不能确定哪些是你想要的。万一现在丢掉了，将来又捡不回来怎么办？

的确，心灵清扫原本就是一种挣扎与奋斗的过程。不过，你可以告诉自己：每一次的清扫，并不表示这就是最后一次。而且，没有人规定你必须一次全部扫干净。你可以每次扫一点，但你至少应该丢弃那些会拖累你的东西。

洛威尔是美国著名的心理学家。有一年他和一群好友到东非赛伦盖蒂平原去探险。在旅途中，洛威尔随身带了一个厚重的背包，里面塞满了食具、切割工具、挖掘工具、衣服、指南针、观星仪、护理药品等。洛威尔对自己携带的物品非常满意。

一天，当地的一位土著向导检视完洛威尔的背包之后，突然问了一句："这些东西让你感到快乐吗？"洛威尔愣住了，这是他从未想过的问题。洛威尔开始问自己，结果发现，有些东西的确让他很快乐，但是，有些东西实在不值得他背着它们，走那么远的路。

洛威尔决定取出一些不必要的东西送给当地村民。接下来，因为背包变轻了，他感到自己不再有束缚，旅行变得十分愉快。

生命就如同一次旅行，背负的东西越少，越能发挥自己的潜能。你可以列出清单，决定背包里该装些什么才能帮助你到达目的地。但是，记住，在每一次停泊时都要清理自己的口袋，什么该丢、什么该留，把更多的位置空出来，让自己轻松起来。

舍得放弃优势

三个旅行者同时住进了一家旅店。

早上出门的时候，一个旅行者带了一把伞，另一个旅行者拿了一根拐杖，第三个旅行者什么也没有拿。晚上归来的时候，拿伞的旅行者淋得浑身是水，拿拐杖的旅行者跌得满身是伤，而第三个旅行者却安然无恙。于是前两个旅行者很纳闷，问第三个旅行者："你怎么会没事呢？"

第三个旅行者没有回答，而是问拿伞的旅行者："你为什么会淋湿而没有摔伤呢？"

拿伞的旅行者说："当大雨来临的时候，我因为有了伞就大胆地在雨中走，却不知怎么淋湿了；当我走在泥泞坎坷的路上时，我因为没有拐杖，所以走得非常仔细，专拣平稳的地方走，所以没摔伤。"

然后，他又问拿拐杖的旅行者："你为什么没有淋湿却摔伤了呢？"

拿拐杖的说："当大雨来临的时候，我因为没有带雨伞，便拣能躲雨的地方走，所以没有淋湿；当我走在泥泞坎坷的路上时，我便用拐杖拄着走，却不知为什么不断跌倒。"

第三个旅行者听后笑笑，说："这就是我安然无恙的原因。当大雨来时我躲着走，当路不好时我小心地走，所以我没有淋湿也没有摔伤。你们的失误就在于你们有凭借的优势，认为有了优势便少了忧患。不懂得去选择去放弃。"

第三个旅行者才是真正的智者，他的旅行没有思想包袱，他懂得放弃，同时他也学会了选择，所以他既没有被雨淋也没有跌伤自己。

许多时候，我们不是跌倒在自己的缺陷上，而是跌倒在自己的优势上，因为缺陷常能给我们以提醒，而优势却常常使我们忘了去选择和放弃。

放手并不等于失去

生活并不是一帆风顺的，很多时候我们需要学会放手。放手不代表对生活的失职，它也是人生中的契机。

然而学会放手要比学会坚持更难，因为那需要更多的勇气。

常常听结过婚的人谈起自己婚后生活的不顺心。"婚姻是爱情的坟墓。"许多人都觉得这是一句至理名言。为什么双方都极为珍视的沟通最后会成为感情的障碍？为什么为了更好地拥有对方而结婚却使两人离得越来越远？看完下面这个故事，也许我们会有所领悟。

有一个女孩，她很爱自己的恋人，生怕失去对方，因此就无时无刻不监视着他，弄得他心烦意乱，提出要和她分手，这使她很伤心。

她母亲是一个很有哲学素养的人，听女儿诉说了自己的烦恼后，就把她带到了海边，在海风的习习吹拂下，母亲捧起一捧沙子对女儿说："孩子，你看，我轻轻地捧着它们，它们会漏掉吗？"女儿看了一会儿，一粒沙子也没有从母亲手中滑落，就摇了摇头。接着，母亲说："我再用力抓紧它们，你看会漏掉吗？"说完，就用力去握沙子，奇怪的是，她握得越紧，沙子从指缝里漏得越多、越快，不一会儿，所有的沙子就都从母亲的手中漏光了。

这时，女儿忽然明白了：爱情和沙子一样，握得越紧，就越容易失去。

爱情和婚姻，你越是把它们抓得紧紧的，它们就越有可能会离你而去，给恋人或爱人应有的自由，适度地放手，你们的爱情就会如陈年佳酿，愈老愈香。

蜕变获得重生

有歌词云："不经历风雨，怎能见彩虹？"确实，美好的获得需要付出代价，正如老鹰的重生需要经历常人难以想象的蜕变过程一样，处在人生的十字路口，我们需要正确地选择，更需要具有为赢得新生活而敢于冒险、敢于经受磨炼的勇气。

老鹰是世界上寿命最长的鸟类，它的寿命可达 70 岁。但是如果想要活那么久，它就必须在 40 岁时做出艰难却重要的抉择。

当老鹰活到 40 岁时，它的爪子开始老化，不能够牢牢地抓住猎物；它的喙变得又长又弯，几乎能碰到它的胸膛；它的翅膀也会变得十分沉重，因为它的羽毛长得又浓又厚，使它在飞翔的时候十分吃力。在这个时候，它是不会选择等死的，而是选择经过一个十分痛苦的过程来蜕变和更新，以便继续活下去。

这是一个漫长的过程：它需要经过 150 天的漫长锤炼，而且必须努力地飞到山顶，在悬崖的顶端筑巢，然后停留在那里不再飞翔。

首先，它要做的是用它的喙不断地击打岩石，直到旧喙完全脱落，然后经过一个漫长的过程，静静地等候新的喙长出来。之后，还要经历更为痛苦的过程：用新长出的喙把旧指甲一根一根地拔出来，当新的指甲长出来后，它们再把旧的羽毛一根一根地拔掉，等待 5 个月后长出新的羽毛。

这时候，老鹰才能重新开始飞翔，从此可以再过 30 年的岁月！

对于老鹰来说，这无疑是一段痛苦的经历，但正是因为不愿在安逸中死去，正是对 30 年新生岁月的向往，正是对脱胎换骨后得以重新翱翔于天际的憧憬，燃起了它对新生活的渴望和改变自己的决心。要想延长自己的生命，获得重生的机会，它选择了经受几个月的痛苦。我们不能不为老鹰的这种勇于改变的勇气所折服。

人生又何尝不是如此？面对癌症，是草草地结束自己的生命以避免遭受肉体和精神的折磨，还是积极地治疗，创造生命的奇迹？陷入困境，是听天由命，等待命运的宣判，还是放手一搏，冒险寻求可能的转机？工作平淡无奇，碌碌无为，是安于现状，享受现有的安逸，还是勇于改变，寻求属于自己的一片天地？

人生需要选择，生命需要蜕变，每当面临困难和挫折，面临选择和放弃，我们都要有足够的勇气，改变自己，只有这样才能获得重生，才能创造另一个辉煌！

为失去而感恩

在人的一生中，要经历无数的失去，学会为失去感恩，勇于承受失去的事实，是走出失去的阴影、获得重新生活的勇气的关键。当我们失去了曾经拥有的美好时光，我们总是会更加感叹人生路的难走。其实大可不必如此，不管人生的得与失，我们都应致力于让自己的生命充满亮丽与光彩。不再为过去掉眼泪，笑对明天的生活，努力活出自己的精彩，前途会一片光明。

一个商人在翻越一座山时，遭遇了一个拦路抢劫的山匪。商人立即逃跑，但山匪穷追不舍。走投无路时，商人钻进了一个山洞里。山匪也追进了山洞里。

在洞的深处，商人未能逃过山匪的追逐。黑暗中，他被山匪逮住了，遭到了一顿毒打，身上所有钱财，包括一把准备夜间照明用的火把，都被山匪掳去了。

"幸好山匪并没有要我的命！"商人为失去钱财和火把沮丧了一阵之后，突然想开了。

之后，两个人各自寻找着山洞的出口。

这山洞极深极黑且洞中有洞，纵横交错。两个人置身于洞里，像置身于一个地下迷宫。

山匪庆幸自己从商人那里抢来了火把，于是他将火把点燃，借着火把的亮光在洞中行走。火把给他的行走带来了方便，他能看清脚下的石块，能看清周围的石壁，因而他不会碰壁，不会被石块绊倒。但是，他走来走去，就是走不出这个洞。最终，他力竭而死。

商人失去了火把，没有了照明，但是他想："我还有眼睛呢。"于是，他在黑暗中摸索着，行走得十分艰辛。他不时碰壁，不时被石块绊倒，跌得鼻青脸肿。但是，正因为没有了火把的照明，使他置身于一片黑暗之中，这样他的眼睛就能够敏锐地感受到洞口透进来的微光，他迎着这缕微光摸索爬行，最终逃出了山洞。

后来，商人还庆幸山匪抢走了他的火把，否则他也会像山匪那样困死在洞中。

塞翁失马，焉知祸福。很多人因为失去才有了更好地获得，比如断臂而有维纳斯的不朽、失明而有《二泉映月》、瘫痪而有《钢铁是怎样炼成的》……这些都告诉我们，生活中其实没有什么东西是不能放手的。昨日渐远，你会发现，曾经以为不可放手的东西，只是生命中的一块跳板而已，跳过了，你的人生就会变得更精彩。人在跳板上，最艰难的不是跳下来的那一刻，而是在跳下来之前，心里的犹豫、挣扎、无助和患得患失，那种感觉只有自己才能体会得到。同样，没有什么东西是不可或缺的，学会为所失去的感恩，幸福的阳光就会洒满你的心扉。

等待下一次

人生最怕失去的不是已经拥有的东西，而是失去对未来的希望。爱情如果只是一个过程，那么失恋正是人生应当经历的，如果要承担结果，谁也不愿意把悲痛留给自己。

记住：下一个他（她）更适合你。

有一个女孩，一向保守，但由于一时冲动，和男朋友有了婚前性行为。之后，她恼怒、悔恨，却也安慰自己："没关系，他是爱我的！"

后来，他男友对她实在是不好。她天天找人诉苦，却又不离开他。她妹妹劝她："别再傻了，快些离开他吧！别再和自己过不去。"

她说："不可以，他是我的第一个男人，也是我的初恋！"

现在，她仍和她的男朋友在一起，偶尔流着眼泪诉苦，偶尔安慰自己："他总会知道我是真心对他好的！"

也许，女孩想要的只是自我安慰而已。她很会劝别人分手，最会讲的便是："别傻了，快离开那个男人，别再白白受苦。"这么会劝别人的人，最后却劝不了自己，终究也只能令自己受苦。

为什么有些人失恋时，悲痛欲绝，甚至踏上自毁之路？为什么有些恋人在遭遇挫折，不能长厢厮守时，会有双双殉情自杀的行为呢？

爱情对于某些人来说，是生命的一部分，是一种人生的经验，有顺境有逆境，有欢笑有悲哀。所以，当和喜欢的人相爱时，会觉得快乐，觉得幸福。当分手时，或者遇上障碍时，会自我安慰："这是人生难免，合久必分，也许前面有更好、更适合我的人哩！"于是他们会勇敢地、冷静地处理自己伤心失落的情绪，重新发展另一段感情。

而另有一些人，会觉得一生里最爱的就是某个人，不相信世界上有更完美、更值得他们去爱的人。所以当这段恋情变化时，他们就会失去所有的希望，也对自己的自信心和运气产生怀疑。这段关系遭受外界的阻力，就等于"天亡我也"。如此，他们就会变得消极，产生比较极端的想法，极有可能会选择自杀的道路。

其实，现实人生里，很少有像电影小说、流行歌曲所形容的那样幸福地恋爱一次就成功，永远不分开的。大多数人都是经历过无数的失败挫折才找到一个可长相厮守的人。

所以当你失恋时，当你们不可能永远在一起时，你应该告诉自己："还有下一次，何必去计较呢？"无论你这次跌得多痛，也要鼓励自己，坚强起来，重拾那破碎的心，去等待你的下一次。

人生是个漫长的旅程。在这个旅程中，人们大都要经历若干级人生阶梯。这种人生阶梯的更换不只是职业的变换或年龄的递进，更重要的是自身价值及价值观念的变化。在"又升高了一级"的人生阶梯上，人们也许会以一种全新的观念来看待生活，并用全新的审美观念来判断爱情，因为他们对爱情的感受已经完全不同了。

　　这种人生的"阶梯性"与爱情心理中的审美效应的关系在许多历史名人的生活中，也可看到。比如歌德、拜伦、雨果等，他们更换钟情对象往往表现了他们对理想的痛苦探求，同现实发生冲突所引起的失望，和试图通过不同的人来实现自己的理想形象的某些特点的结合。

　　虽然更换钟情对象有时是可以理解的，但是，这种选择给人带来的痛苦也是显而易见的。因而应该尽可能在较成熟的阶梯上做一次新的选择。那种小小年纪便将自己缚在某一个异性身上的做法，显然是不可取的。所以，有一天当失恋的痛苦降临到我们身上时，也不必以为整个世界都变得灰暗，理智的做法是给对方一些宽容，给自己一点心灵的缓冲，及时进行调整，用新的姿态迎接明天。

　　经历了许多的人、许多的事，历尽沧桑之后，你就会明白，这个世界上，没有什么是不可以改变的。美好、快乐的事情会改变，痛苦、烦恼的事情也会改变，曾经以为不可改变的，许多年后，你就会发现，都改变了。而改变最多的，竟是自己。不变的，只是小孩子美好天真的愿望罢了！所以当一份感情不再属于你的时候，就果断地放弃它，然后乐观等待下一次！

第六章
放弃包袱，持花而行：追随自在的脚步

挣脱痛苦的锁链

有一只兀鹰，猛烈地啄着村夫的双脚，将他的靴子和袜子撕成碎片后，便狠狠地啃起村夫的双脚来了。正好这时有一位绅士经过，看见村夫如此鲜血淋漓地忍受痛苦，不禁驻足问他，为什么要受兀鹰啄食呢？

村夫答道："我没有办法啊。这只兀鹰刚开始袭击我的时候，我曾经试图赶走它，但是它太顽强了，几乎抓伤我的脸颊，因此我宁愿牺牲双脚。呵，我的脚差不多被撕成碎屑了，真可怕！"

绅士说："你只要一枪就可以结束它的性命呀。"

村夫听了，尖声叫嚷着："真的吗？那么你助我一臂之力好吗？"

绅士回答:"我很乐意,可是我得去拿枪,你还能支撑一会儿吗?"

在剧痛中呻吟的村夫,强忍着撕扯的痛苦说:"无论如何,我会忍下去的。"

于是绅士飞快地跑去拿枪。但就在绅士转身的瞬间,兀鹰蓦然拔身冲起,在空中把身子向后拉得远远的,以便获得更大的冲力,然后如同一根标枪般,把它的利喙深深刺向村夫的喉头。村夫终于扑死在地了。死前稍感安慰的是,兀鹰也因太过费力,淹溺在村夫的血泊里。

你会问:村夫为什么不自己去拿枪结束掉兀鹰的性命,却宁愿像傻瓜一样忍受兀鹰的袭击?在这则故事中,兀鹰只是一个比喻,它象征着萦绕人生的内在与外在的痛苦,人很容易陷入痛苦中,无法自拔。

其实,任何一个凡人,都会不知不觉地像村夫一样,沉溺于自己臆造幻想中,不能自拔,甚至"爱"上自己的痛苦,不愿亲手毁掉它,尽管只是举手之劳而已。卡夫卡有一段格言,正是深明人身陷种种苦痛的洞彻哲理:"人们惧怕自由和责任,所以人们宁愿藏身在自铸的牢笼中。"所以,村夫与他臆想的痛苦(兀鹰)同归于尽。

这则寓言告诉我们:不要等待别人解决你的痛苦,只要愿意,你可以超越它,"枪毙"它。

忧虑如沼泽

忧虑,是人在面临不利环境和条件时所产生的一种情绪抑制。它是一种沉重的精神压力,使人精神沮丧、身心疲惫。我们看那些忧心忡忡的人，整日愁眉苦脸，唉声叹气，一副暮气沉沉的样子。他们对什么都提不起兴趣，生活成了一种苦刑。恰如高尔基所说，忧愁像磨盘似的，把生活中所有美好的、光明的一切和生活的幻想所赋予的一切，都碾成枯燥、单调而又刺鼻的烟。

忧虑的人是无法专注工作，无法享受生活的。忧虑使人神思恍惚，反应减慢，智力水平下降。整天为不如意的事忧虑伤神，大脑长期处于低潮状态，工作、劳动自然不会取得成果。忧愁还会使人生病，中医早就指出"忧者伤神"。长期心绪不佳，胃口必然不好，体质必然虚弱，严重的忧郁症还可能引发轻生。整天忧虑的人如同陷入可怕的沼泽而无法自拔，即使有力也无法用上。

忧虑的人常常有这样一些行为：

逃避问题。由于问题难以解决而干脆采取回避态度，但事实上问题依然存在，自己只是在表面上逃避，内心深处还是放不下，难题成为心头的沉重包袱。

对问题过分执着，将其看得过于严重。这实际上是给自己增加不必要的精神压力。不敢正视现实，自我封闭。所谓"烦着呢，别理我"，就是这样一种心态的反映。

无论是逃避问题还是对问题过分执着，实际上只可能有两种情况：一种是，问题并不像你所想的那么糟，至少没有到无可挽回的地步。只要采取积极正确的态度，问题就会得到解决。这样，你也就没有什么可忧愁的了。另一种情况是，问题的确是超出了我们的能力所及的范围。对这种情况，我们就需要乐观一些，就像杨柳承受风雨一样，我们也要承受无可更改的事实。

哲学家威廉·詹姆士说："要乐于承认事情就是这样的情况。能够接受发生的事实，就是能克服随之而来的任何不幸的第一步。"

美国克莱斯勒公司的总经理凯勒说："要是我碰到很棘手的情况，只要想得出办法解决的，我就去做。要是干不成的，我就干脆把它忘了。我从来不为未来担心，因为，没有人能够知道未来会发生什么事情，影响未来的因素太多了，也没有人能说清这些影响都从何而来，所以，何必为它们担心呢？"

对自我封闭的心理行为，要通过积极地与外界交流来改变。遇到烦心的事，不要闷在心里，试着向亲人、朋友、老师讲讲，他们的倾听以及有益的劝慰，会驱走你心中的阴云。

你也可以通过改变自己生活中的一些细节和"心像"（自我的内心形象）来摆脱忧愁，比如：

在情绪阴郁时，尽量想象自己很快活的样子，充满信心地去做事。挺起胸，抬起头，微笑！虽然在开始时需要相当的勇气和努力，但只要你坚持做下去，就会发现这其实并不难。

忧虑的人往往变得邋遢，你应反其道而行之。服装整洁，理理发，洗个澡。

反复地说出自己的名字，给自己打气。对自己说："这没有什么了不起！"这是一种积极有效的心理暗示术。

改变交往的对象，结识新朋友。

做自己感兴趣的事，如跑步、唱歌、听音乐等。

帮助别人，做一些公益性的事。你将会找回自我，感受到生活中有比个人的忧愁更为重要的事。

还有其他一些方法，比如"让自己忙碌"。卡耐基说，忧虑的人一定要让自己沉浸在工作里，否则只有在绝望中挣扎。

曾经有个故事，战争中，敌机把家园炸成了废墟。许多人悲痛欲绝。而唯有一名男子，默默地从废墟中捡出一块又一块砖，放到一边——这是重建家园所需要的。他的行动影响了众人，众人不再哭泣，也默默地捡起了砖。

的确，生活中我们会遇到许多次退潮，忧虑会成为生命中一时难以承受之重。要去除这沉重，达观安然的哲学态度是一剂良方。另一剂良方就是行动，行动可以有效地转移你的注意力。这就是为什么有人在烦恼忧虑时，会去拳击馆或足球场拼命运动。行动会使你找回自信和力量，行动也会直接产生实际成果，使你备受鼓舞。

事事难满意

阿茜是一位喜爱文学的中年女士，但她除了在一家电台当过一阵编辑助理外，从未做过与文学有关的工作。大学毕业后，她的工作和生活一直很不顺利，在15年时间里，她做过上百种工作，包括那些薪水极少、令人厌烦的苦力活。

一次，有人介绍阿茜给一位职业作家当编辑。阿茜有一定的文学修养，她对这项为作家编辑稿子的工作很感兴趣。作家跟她说好，每编辑一篇稿子，付给她1000美元。阿茜表示同意。

编辑的过程中，阿茜发现这项工作不像她想象的那么简单。她花了将近10天时间，努力到十分，才好不容易编完一篇稿子。她觉得太亏了，10天才赚到1000美元！可是作家如果将这篇稿子卖出去，也许能赚上万美元，甚至更多。她认为自己是在出卖廉价劳动力。她对作家说："先生，我的确是第一次做这种工作，不知道它的难度。

但我想你是知道的，难道你不认为你支付的报酬太低了吗？"

作家觉得有些不高兴。他说："我一直是按这个价钱支付报酬，如果你觉得不够多的话，那么什么方式才公平呢？"

"我认为按时间计酬比较公平。"

作家不愿为报酬的事多操心，他答应每小时付给 25 美元。阿茜对这个价钱相当满意，因为她以前从没拿过这么高的工资。

但是，当她编写完第二篇小说时，她发现又上当了，所得报酬还不到一千美元。这是什么原因呢？原来，她编第一篇小说时，对这项工作很陌生，做起来比较盲目，所以花了 10 天时间。现在她有经验了，速度快得多了，只花 30 个小时就完成了，所以只能得到 750 美元。她觉得自己干了一件特别蠢的事，心里极不平衡。于是，她要求作家将报酬方式再改回来。

作家觉得很厌烦，冷冷地说："这是你自己要求的报酬方式，你还有什么不满意？如果你对每对一件事情都不满意，别人也是无法满意你的。"

作家中止了阿茜的工作，她又一次失业了。

只考虑自己想要得到什么，不考虑自己应该得到什么的人，往往是比较不幸的人，他们可能在任何地方都干得不开心。人际关系归根到底是一种经济关系，不按交易规则，片面考虑自己的感受，即使父子、兄弟、夫妻之间也会反目，更不要说其他人。

此外，当一个人对一件事不满意时，无论别人怎么对他好，都无法让他满意。因为他的意念执着于某一点，再也看不到其余的，正所谓"一叶障目，不见泰山"。有的人执意辞去一份很不错的工作，有的妻子或丈夫执意离开一个很不错的伴侣，可能就是这样造成的。

他们似乎努力改善过关系，却不见效果，因为他们看见的始终是一个错觉。

不满意心理过甚的人，经常干一些愚蠢的事，然后到处买"后悔药"，"吃"了却不见效。

远离恐惧

恐惧是我们心灵最大的敌人，它会剥夺人的幸福与能力，使人变为懦夫；恐惧使人平庸，使人流于卑贱；恐惧使人惧怕任何东西。其实，让我们恐惧的东西并不可怕，可怕的是恐惧本身，恐惧比任何东西都可怕。

直升机在高空中盘旋，一群新兵背着跳伞的装备，站在机舱门口，准备进行他们的第一次跳伞。

从高空中向下看，所有的景物似乎都小得不能再小，树木像一根针一样细小，海中的小岛也只有石头般大而已。

从空中跳下去，命运全部维系在降落伞的一根绳索上，稍有不慎，人就会像一个从高处落下的西瓜一样，脑袋开花。这群新兵想到这一点，不由得闭上眼睛，不敢再往下想。

气氛有点沉重，每个人连一句话都不敢多讲。不久，班长用手向站在最前面的新兵示意跳伞，但是他迟迟没有反应。看着这位新兵脸上紧张的神情，班长贴着他的耳朵，大声喊着："你怕吗？"

这位新兵迟疑片刻，看着这一双紧盯着他的眼睛，想到这也许是自己这一生所看到的最后一个画面，于是，他老老实实地点了点头，小声地说："我很害怕。"

"偷偷告诉你，我也很害怕。"班长接着说，"但是，我们一定能完成这个跳伞任务，不是吗？"

听了这句话，新兵的心情豁然开朗，原来连班长也会感到害怕，每个人都会害怕，自己又何必为此而羞愧呢？

新兵深吸一口气，从高空一跃而下，顺利地完成了首次跳伞任务。他和队友乘着风，缓缓地降落在地面上，成为一名不折不扣的伞兵。

许多年以后，新兵变成了老兵，每当率领着新兵跳伞，老兵也不忘在机舱口问一句："你怕吗？"

然后，他们会用坚定的语气告诉新兵："我也怕，但是，我们一定做得到。"

弱者的害怕，是在害怕中充满疑虑；强者的害怕，是在害怕中仍然充满自信。

害怕是人的正常情绪，压抑自己的害怕只会令你更加手足无措；你可以怕，但是不能输给眼前的敌人。

恐惧是一种心理疾病，是一个幻想中的怪物，一旦我们认识到这一点，我们的恐惧感就会消失。如果我们都被正确地告知没有任何臆想的东西能伤害到我们；如果我们的见识广博到足以明了没有任何臆想的东西能伤害到我们，那我们就不会再感到恐惧了。

勇敢的思想和坚定的信心是治疗恐惧的良药，它能够中和恐惧思想，如同化学家通过在酸溶液里加一点碱，就可以破坏酸的腐蚀性一样。当我们心神不安时，当忧虑正消耗着我们的活力和精力时，我们是不可能获得最佳效率的。

所有的恐惧在某种程度上都与自己的软弱和力不从心有关，因为此时我们的思想意识和体内的巨大力量是分离的。一旦开始心力交融，一旦重新找到了让自己感到满意和大彻大悟的那种平和感，那么，将真正涌起一种大无畏感。感受到和享受到这种无穷力量的福祉之后，便不会再让心灵不安和四处游荡，再不会表现出萎靡不振的样子。

恐惧虽然阻碍着人们力量的发挥和生活质量的提高，但它并非是不可战胜的。只要能够积极地行动起来，在行动中有意识地纠正自己的恐惧心理，那它就不会再成为我们的威胁了。

如果一个人面对令他恐惧的事情时总是这样想："等到没有恐惧心理时再来做吧，我得先把害怕退缩的心态赶走才可以。"这样做的结果只会把精神全浪费在消除恐惧感上。

在不安、恐惧的心态下仍勇于作为，是克服神经紧张的处方，能使人在行动中获得活力与生气，渐渐忘却恐惧心理。只要不畏缩，有了初步行动，就能带动第二、第三次的出发，如此一来，心理与行动都会渐渐走上正确的轨道。

处理了心情才能处理事情

法国名将拿破仑，曾统兵数百万，所到之处战无不胜、攻无不克；但是他说："我就是胜不过我的脾气！"

是的，人往往"胜不过自己的脾气"。在遇到感情挫折、情绪困扰时，就是想不开、钻牛角尖，以致怒火中烧，逼自己走上极端。

可是，人必须懂得EQ（情商）中最重要的"情绪忍受力"，也要知道，脾气来了，福气就没了！我们不能让自己时常处于气愤不已的状态，要懂得让情绪换跑道，绝不能使情绪的癌细胞扩散！

我们必须要知道，遇到冲突、生气时，一定要先处理心情，再处理事情。凡事多思维，切勿轻易发怒，而且，不要急着说，不要抢着说，而是要想着说！

毕竟，人活着，不是为斗气，而是要斗志！人活着，不是要比气盛，而是要比气长！人活着，不是要争一时，而是要争千秋！

生活中因脾气暴躁、盛怒之下恶气无法消除而造成的悲剧比比皆是。有些失学的青少年，无所事事搞帮派，为了"抢地盘"，19岁就把昔日同学砍死；而一名女研究生，为了博士班的男友，也把同班好友（情敌）用化学药剂害死！有一父亲在暴怒时，一时失控，一巴掌把小女儿打成耳膜破裂，造成终生耳聋！……这些事例都表明："愤怒，是片刻的疯狂！"

我们不能让自己的情绪只有幼儿园的程度，我们必须学习转念、少点怨恨、多点包容、多洒香水、少吐苦水，让负面的思绪远离，而用乐观的正面思绪来迎接人生。

我们必须了解人际沟通力的重要；因为山不需要依靠山，但是人需要依靠人！让我们珍惜每次相遇、相处的机会，学习给人信心、给人欢喜、给人方便；同时，也别忘记生活不怕严厉批评，喜悦来自真心接纳！

不为内疚所控制

没有一个人是没有过失的，有了过失之后勇于去改正，前途依然阳光，但若徒有感伤而不从事切实的补救工作，则是最要不得的！

人很容易被负疚感左右，在人性文化中，内疚被当作一种有效的控制手段加以运用。

我们应当吸取过去的经验教训，而绝不能总在阴影下活着，内疚是对错误的反省，是人性中积极的一面，但却属于情绪的消极一面。我们应该分清这二者之间的关系，反省之后迅速行动起来，把消极的一面变积极，让积极的一面更积极。

哈蒙是一位商人，长年在外经营生意，少有闲时。当有时间与全家人共度周末时，他非常高兴。他年迈的双亲住的地方，离他的家只有一个小时的路程。哈蒙也非常清楚自己的父母是多么希望见到他和他的全家人。但他总是寻找借口尽可能不到父母那里去，最后几乎发展到与父母断绝往来的地步。

不久，他的父亲死了，哈蒙好几个月都陷于内疚之中，回想起父亲曾为自己做过的许多好事情。他埋怨自己在父亲有生之年未能尽孝心。在悲痛平定下来后，哈蒙意识到，再大的内疚也无法使父亲死而复生。认识到自己的过错之后，他改变了以往的做法，常常带着全家人去看望母亲，并同母亲保持经常的电话联系。

赫莉的母亲很早便守寡，她勤奋工作，以便让赫莉能穿上好衣服，在城里较好的地区住上令人满意的公寓，能参加夏令营，上名牌私立大学。她为女儿牺牲了一切。当赫莉大学毕业后，找到了一个薪酬较高的工作。她打算独自搬到一个小型公寓去，公寓离母亲的住处不远，但人们纷纷劝她不要搬，因为母亲为她做出过那么大的牺牲，现在她撇下母亲不管是不对的。赫莉认为他们说得对，便与母亲住在一起。

后来，她喜欢上了一个青年男子，但她母亲不赞成她与他交朋友，她和母亲大吵一番后离家出走了，几天后听说母亲因她的离家而终日哭泣，内疚感再一次作用于赫莉。她向母亲让步了。

几年后，赫莉完全处于她母亲的控制之下。到最终，她又因负疚感造成的压抑毁了自己，并因生活中的每一个失败而责怪自己和自己的母亲。

在过错发生之后，要及时走出感伤的阴影，不要长期沉浸在内疚之中痛定思痛，让身心备受折磨，过去的已经过去，再内疚也于事无补，要拾起生活的勇气，昂扬奔向明天。

"遗忘"能斩坏思绪

上天赐给我们很多宝贵的礼物，其中之一即是"遗忘"。人们在过度强调记忆的好处后，忽略了遗忘的重要性。

例如，失恋了，总不能一直沉溺在忧郁与消沉的情境里，必须尽快遗忘；股票失利，损失了不少金钱，当然心情苦闷提不起精神，此时，也只有尝试去遗忘；期待已久的职位升迁，当人事令发布后竟然不是自己，情绪之低落可想而知，解决之道无它——只有强迫自己遗忘。

可见，遗忘在生活中有多么重要！

然而想要遗忘，却不是想象中那么容易。遗忘是需要时间的。只不过，如果连"想要遗忘"的意愿都没有，那么，你只能长期为忧郁折磨。

有些人往往很容易就将欢乐的时光忘记了，但对哀愁却时时想起。这显然是对遗忘哀愁的一种抗拒。换句话说，有些人习惯淡忘生命中美好的一切；而对于痛苦的记忆，却总是铭记在心。难道是因为它给人记忆深刻才无法遗忘吗？

当然不是。关键在于你对坏情绪的"执着"。其实很多人都无法静下心来检查自己已有的或曾经拥有的，都总是看到或想到自己失去的或没有的。这当然注定了难以遗忘。

现实生活中有很多人无论是待人或处事，很少检讨自己的缺点，总是记得对方的不是以及自己的欲求。到头来，因为每个人的心态彼此相克，所以很少能如愿以偿。

相反，如果这个社会中的每个人，都能够试图将对方的不是及自己的欲求尽量遗忘，多多检讨自己并改善自己，那么，彼此之间将会产生良性互补，这也才是我们所乐意见到的。

相信，每一个人都希望能像童年那样无忧无虑。这就要求我们学会遗忘——遗忘那些该遗忘的人、事、物。学会了遗忘，你便拥有了一把能斩断坏心绪的利剑。

拆除冷漠的心墙

一位建筑大师阅历丰富，一生杰作无数，但他自感最大的遗憾就是把城市空间分割得支离破碎，而楼房之间的绝对独立则加速了都市人情的冷漠。大师准备过完65岁寿辰就封笔，而在封笔之作中，他想打破传统的设计理念，设计一条让住户交流和交往的通道，使人们不再隔离，而充满大家庭般的欢乐与温馨。

一位颇具胆识和超前意识的房地产商很赞同他的观点，出巨资请他设计。图纸出来后，果然受到业界、媒体和学术界的一致好评。

然而，等大师的杰作变为现实后，市场反应却非常冷漠，乃至创出了楼市新低。

房地产商急了，急忙进行市场调研。调研结果出来后，让人大跌眼镜：人们不肯掏钱买这种房的原因竟然是嫌这样的设计使邻里之间交往多了，不利于处理相互间的关系；在这样的环境里活动空间大，孩子们却不好看管；还有，空间一大，人员复杂，对防盗之类人人担心的事十分不利……

大师没想到自己的封笔之作会落得如此下场，心中哀痛万分。他决定从此隐居乡下，再不出山。临行前，他感慨地说："我只认识图纸不认识人，是我一生最大的败笔。"

建筑师可以拆除隔断空间的砖墙，但谁来拆除人与人之间厚厚的心墙呢？

心墙不除，人心就会因为缺少氧气而枯萎，人就会变得忧郁、孤寂。爱是医治心灵创伤的良药，爱是心灵得以健康生长的沃土。爱，以和谐为轴心，照射出温馨、甜美和幸福。爱把宽容、温暖和幸福带给了亲人、朋友、家庭和社会。无爱的社会太冰冷，无爱的荒原太寂寞。爱能打破冷漠，让尘封已久的心重新温暖起来。

在与人交往时，将你的心窗打开，不要吝啬心中的爱，因为只有爱人者才会被爱。当你陷入困境时，你会得到许多充满爱心的关怀和帮助。

不要让松懈瓦解你的意志

在人生的征途中，惰性总会冷不防地侵袭你、干扰你，让你奋进的脚步停滞不前，甚至让你红火的事业功亏一篑，半途而废。松懈情绪便是侵袭你、干扰你的毒素，它是惰性的产物。

我们常常听到这样的抱怨："唉，算了吧，我不想再这么拼命干下去了。"这是松懈情绪产生的一种表现。产生松懈是对自己此前努力拼搏的怀疑和否定。不再认为此前为事业的奋斗有乐趣存在，你的精神就会迅速松弛乃至崩溃下来。要是你再坚持一刻，熬过难关，也许你就会尝到奋斗的乐趣，收获到成功的喜悦。世界上的事情就是这样，成功在于坚持。

径赛裁判员并不以运动员起跑时的速度来判定他的成绩和名次。你要取得冠军荣誉，必须坚持到底，冲刺到最后。丝毫之差，你就会前功尽弃。要想成就一番事业，就得付出坚强的心力和耐性，付出十年、几十年甚至一生的心血。

另一类产生松懈情绪的人，他们过去辉煌过，或曾经一时在某一方面取得过成功，于是他们开始躺在辉煌的光环下不再动弹，躺在过去的功劳簿上不再奋斗。

让自己松懈是可悲的。凭过去夺取荣誉、获得成功的才华和能力，今天如果继续发挥，乘胜前进，一定可以夺取更高的荣誉，获得更大的成功，拥有更加辉煌的人生。但有些人却目光短浅、故步自封，停滞在原来已经到达的途中，结果错过了更高的荣誉和更大的成功。

可见，如果不是抱有远大的目标，就很难持之以恒，不是因挫折而怠惰，就是因成功而松弛。难怪萧伯纳要说："人生有两出悲剧：一出是万念俱灰；另一出是踌躇满志。"这两种悲剧，都会导致勤奋努力的中止。

人生只是短暂的一瞬，生命的弓弦应该是紧绷不松的。生命不息，奋斗不止，应该是每个人生存的原则。战胜了惰性，便战胜了自己，而后，才会拥有成功与幸福。

正因为这样，有自知之明的人总是对成功的美酒漠然置之，生怕妨碍自己继续前进，不让自己的生活太安逸，以保持勤奋进取的精神。居里夫人获得诺贝尔奖之后，照样钻进实验室埋头苦干，而把代表荣誉与成功的奖章给小女儿当玩具。实际上，她和许多著名科学家都有同感：人生最美妙的时刻是在勤奋努力和艰苦探索之中，而不是在摆庆功宴席的豪华大厅里。

从这个角度来看，勤奋的努力又如同一杯浓茶，比成功的美酒更于人有益。一个人，如果毕生能坚持勤奋努力，本身就是一种了不起的成功。它使一个人精神上焕发出来的光彩，绝非胸前的奖章所能比拟。

敢于"出丑"

人都想显示自己聪明，都怕在众人面前出丑。这似乎是截然对立的两件事，聪明人绝不会出丑，出丑的人必然是笨蛋。然而，实际生活并非如此。聪明的人有时会当众出丑，他们被人嗤笑却自得其乐。

罗茜读书时网球打得不好，所以老是害怕打输，不敢与人对垒，至今她的网球技术仍然很蹩脚。罗茜有一个同班同学，她的网球比罗茜打得还差，但她不怕被人打下场，越是输越打，后来成了令人羡慕的网球手，成了大学网球代表队队员。

聪明是令人羡慕的，出丑总使人感到难堪。但是聪明是无数次出丑中练就的，不敢出丑，就很难聪明起来。

那些勇敢地去干他们想干的事的人是值得赞赏的，即使有时在众人面前出了丑，他们还是洒脱地说："哦，这没什么！"就是这么一些人，他们还没学会反手球和正手球，就勇敢地走上网球场；他们还没学会基本舞步，就走下舞池寻找舞伴；他们甚至没有学会屈膝或控制滑板，就站上了滑道。

艾米只会说一点点可怜的法语，她却毅然飞往法国去做一次生意旅行。虽然人们告诫她：巴黎人对不会讲法语的人是很看不起的，但她坚持在展览馆、在咖啡店、在爱丽舍宫用法语与每个人交谈。不怕结结巴巴，不怕语塞傻笑、出丑吗？她不怕。因为艾米发现，当法国人对她使用的虚拟语气大为震惊之后，许多人都热情地向她伸出手来，为她的"生活之乐"所感染，从她对生活的努力态度中得到极大的乐趣。他们为艾米喝彩，为所有有勇气干一切事情而不怕出丑的人欢呼，这些人还包括那些学习对他们来说并不容易的新学问的人。

生活中有些人由于不愿成为初学者，就总是拒绝学习新东西。他们因为害怕出丑，而宁愿放弃自己的机会，限制自己的乐趣，禁锢自己的生活。

若要改变一下自己的生活位置总要冒出丑的风险。除非你决心在一个地方、一个水平上"钉死"。不要担心出丑，否则你就会毫无出息，而且更重要的是你同样不会心绪平静、生活舒畅。你会受到囿于静止的生活而又时时渴望变化的愿望的痛苦煎熬。

我们应该记住这一点，由于害怕出丑，也许会失去许多机会，收获的只有长久的后悔。要知道，一个从不出丑的人并不是一个他自己想象的聪明人。

不要随风摇摆

有个笑话，说是有父子两人，去集市上买了一头驴，牵着回家。路上的行人看见了，笑道："这爷俩，有驴不骑偏要走路，真是笨到家了。"

父子听了觉得有理，于是父亲上驴，儿子在下面跟着。

"真是的，这当爹的也太狠心了，竟然让一个小孩子走路，自己却舒服地骑驴。"父亲听了赶忙下来，让儿子骑驴，自己走路。走了一阵，又有人议论："哪有这等不孝顺的儿子，怎么忍心让自己上了年岁的老爷子受累，真是不像话！"

父亲听了又觉得这样很不应该，但又怕人说闲话，于是两个人都骑了上去。

一头驴驮两个人，把驴累得呼呼地直喘粗气，有人看见了，说："你们两个这样要把驴累死啊。"

两人又下来，这下可为难了，骑也不是，不骑也不是；一个人骑不是，两人骑还不是。父子俩一合计，把驴的腿用绳子捆起来，找了根扁担穿上绳子，两人一前一后，把驴抬着走。

街上的人看了，笑得前仰后合，这样一来驴被捆着受罪，人抬着受累，父子俩脸红心跳，不知如何是好。干脆就这样抬下去吧。走到了一座独木桥上，驴被捆得四蹄酸疼，实在受不了，挣扎起来。"扑通"一声，两个人连同驴子一起掉到了河里……

这件事固然让人觉得好笑，但笑过之后想一想，我们自己是不是也经常有被人误导、不知所措、拿不定主意、不知该听谁言、随风摇摆的时候呢？这其实很正常，再果断的人都难免在一些事上踌踌不决。但若凡事没有主见，人云亦云，就会失去自我。

人要有主见，并不是说要我行我素，刚愎自用，听不进别人的意见，错了也不接受批评。而是在于坚持真理，坚持自我，只要自己认为是对的，就不去理会外人的评价，"走自己的路，让别人去说吧"。人们都是以自己的主观想法来评价别人，而事情的对与错、成与败，还是留给时间来检验吧。

许多人找工作的时候，总是被各种外来的意见所困扰，不知道该如何选择。

小娜是一名应届毕业生，学的是计算机专业，但她也十分喜欢文学。她去人才市场找工作，面对许多用人单位开出的条件，始终拿不定主意。

家里人希望她找一个收入稳定、不太辛苦的工作，而且不要离家太远。可与她专业对口的 IT 公司大都在北京、深圳，而且工作都很辛苦，她不想违背父母的意愿；有一个学校招聘计算机老师，她想去试试，但那个学校提出要有一年的试用期，她觉得太长；还有人介绍她到一个小杂志社去当专栏编辑，而她的一个开店的朋友又说这年头靠稿费挣不了几个钱，不如和她合伙去做生意……她在不停地犹豫，迟迟做不了决定，最后那些工作机会都被别人抢走了，她还是不知道自己的未来在哪里。

有时候越想周全就越难周全。想把方方面面都照顾到，谁也不得罪，皆大欢喜是不太可能的。即便是再好的事也会有反对的声音，你不可能指望所有的人都同意你。你再怎么努力去迎合、迁就别人，也会有人对你指指点点、说三道四。既然被批评、被议论是避免不了的，那么为什么不按照自己想好的去做呢？

开除自己

把自己从相对安逸的环境中开除出去，再开除自己身上的缺点，那么，你离成功的彼岸就会越来越近。不管怎么说，开除自己，就是给自己提供压力的同时，也提供了更多的希望与机遇。

有一个人，在不到10年的时间里，竟多次开除自己。第一次是在1993年，也就是他大学毕业后两年，离开了工作单位——宁波市电信局。第二次开除自己是在外企，缘于他想创办一家网络服务公司。最终，他创办网络公司并一举成名。

也许，你已经猜出来了，他就是搜狐公司总裁张朝阳。用张朝阳自己的话说就是："开除自己，才能成功。"

当"知足常乐"成为一些人的生活信条的时候，"开除自己"，就显得很有震撼力。确实，安于现状，也能暂时得到一些幸福，但随之而来的，可能是懒散与麻木。可以这样说，开除自己，是对智力与勇气的激励。

一个哲理小品文中讲：把青蛙放在锅里，然后加上满满的一锅水，用小火慢慢地加热，青蛙会被渐渐地蒸死；而若把青蛙突然放进热水里，出于求生的本能，它会立刻就地跳出来。一个原地踏步、不思进取的人，和在锅里被慢慢加热蒸煮的青蛙，又有何本质的区别？

若从字面上说，开除自己，还有这样一层意思：如果你是个见了毛毛虫也要打哆嗦的人，那么，请开除自己的懦弱；倘若你是一个毫不利人、专门利己的人，那么，请开除自己的自私。

同样道理，我们还可以开除自己的浅薄、浮躁、虚伪、狂妄——总之，你尽可能地开除自己的缺点好了，使自己不断地趋于完美，就像一棵不断修枝剪蔓的树，唯一的目标，就是日后做一棵高大挺拔的栋梁之材。

气怕盛，心怕满

气怕盛，心怕满。这是因为盛气就会凌人，心满就不求上进。真正成功的人都是极力做到虚怀若谷、谦恭自守。

一个人成功的时候，若还能保持清醒的头脑，而不趾高气扬，便往往会取得更大的成功。

当迪普把议长之职让出来，以拥护林肯政府的时候，在一般人看来，由于他对党的贡献，不知该受到多么热烈的欢呼、称赞才好。他说："傍晚我当选为纽约州州长，一小时之后又被推选为上议院议员。不到第二天早晨，好像美国大总统的位置，便等不及让我的年纪足够就落到我头上了。"他用这种调侃，善意地批评了别人对他的夸大赞扬。

虽然迪普那时很年轻，但是却有着年轻人少有的冷静和低调，即使在别人交口称赞、好誉如日中天的时候，他还是能保持他那种伟大的特性——不因为别人的奉承而趾高气扬。

你能够承受得住突然的飞黄腾达么？要衡量一个人是否真正能有所成就，就要看他能否有这种承受的能力。福特说："那些自以为做了很多事的人，便不会再有什么奋斗的决心。有许多人之所以失败，不是因为他的能力不够，而是因为他觉得自己已经非常成功了。他们努力过奋斗过，战胜过不知多少的艰难困苦，流血牺牲，凭着自己的意志和努力，使许多看起来不可能的事情都成了现实；然而当他们取得了一点小小的成功，便经受不住考验了。他们懒怠起来，放松了对自己的要求，往后慢慢地下滑，最后跌倒了。古往今来，被荣誉和奖赏冲昏了头脑，而从此懈怠懒散下去终致一无所成的人，真不知有多少……"

如果你的计划很远大，很难一下子达到，那么，在别人称赞你的时候，你就把现在的成功与你那远大的计划比较一下，相比将来的宏伟蓝图，你现在的成功还只是万里长征路途的第一步，根本不值得去夸耀。这样一想，你就不会对此前的一点小成就沾沾自喜了。

洛克菲勒在谈到他早年从事煤油业时，曾这样说道："在我的事业渐渐有些起色的时候，我每晚把头放在枕上睡觉时，总是这样对自己说：'现在你有了一点点成就，你一定不要因此自高自大，否则你就会站不住，就会跌倒的。因为你有了一点开始，便俨然以为是一个大商人了。你要当心，要坚持前进，否则你便会神志不清了。'我觉得我对自己进行这样亲切的谈话，对于我的一生都有很大的影响。我怕我受不住成功的冲击，便训练自己不要为一些蠢思想所蛊惑而觉得自己有多么了不起。"

我们在成功的时候，能够保持平常心态，能够不因此而自大，这是我们的幸运。对于每次的成功，我们只能视其为一种新努力的开始。我们要在将来的光荣上生活，而不要在过去的冠冕上生活，否则终有一天会付出代价的。

甩掉你的坏习惯

人是一种习惯性的动物。无论我们是否愿意，习惯总是无孔不入，渗入我们生活的方方面面。很少有人能够意识到，习惯的影响力竟然如此巨大。

有调查表明，人们日常活动的 90% 源自习惯和惯性。想想看，我们大多数的日常活动都只是习惯而已！我们几点起床，怎么洗澡、刷牙、穿衣、读报、吃早餐、驾车上班，等等，一天之内上演着几百种习惯。然而，习惯还并不仅是日常惯例那么简单，它的影响十分深远。如果不加控制，习惯将影响到我们生活的方方面面。

小到啃指甲、挠头、握笔姿势以及双臂交叉等微不足道的事，大到一些关系到身体健康的事，比如吃什么、吃多少、何时吃、运动项目是什么、锻炼时间长短、多久锻炼一次，等等。甚至我们与朋友交往，与家人和同事如何相处都是基于我们的习惯。说得再深一点，甚至连我们的性格都是习惯使然。

习惯的作用是如此之大，想改变它不是件容易的事情。

一天，一位睿智的教师与他年轻的学生一起在树林里散步。教师突然停了下来，并仔细看着身边的四株植物：第一株植物是一棵刚刚冒出土的幼苗；第二株植物已经算得上挺拔的小树苗了，它的根牢牢地扎在肥沃的土壤中；第三株植物已然枝叶茂盛，差不多与年轻学生一样高大了；第四株植物是一棵巨大的橡树，年轻学生几乎看不到它的树冠。

老师指着第一株植物对他的年轻学生说："把它拔起来。"年轻学生用手指轻松地拔出了幼苗。

"现在，拔出第二株植物。"

年轻学生听从老师的吩咐，略加力量，便将树苗连根拔起。最后，树木终于倒在了筋疲力尽的年轻学生的脚下。

"好的，"老教师接着说道，"去试一试那棵橡树吧。"

年轻学生抬头看了看眼前巨大的橡树，想到自己刚才拔那棵小得多的树木时已然筋疲力尽，所以他拒绝了教师的提议，甚至没有去做任何尝试。

"我的孩子，"老师叹了一口气说道，"你的举动恰恰告诉你，习惯对生活的影响是多么巨大啊！"

故事中的植物就好像我们的习惯一样，根基越雄厚，就越难以根除。的确，故事中的橡树是如此巨大，就像根深蒂固的习惯那样令人生畏，让人懒于去尝试改变它。值得一提的是，有些习惯比另一些习惯更难以改变。不仅坏习惯如此，好习惯也不例外。也就是说，好习惯一旦养成了，它们也会像故事中的橡树那样，牢固而忠诚。在习惯由幼苗长成参天大树的过程中，习惯被重复的次数越来越多，存在的时间也越来越长，它们也越来越像一个自动装置，越来越难以改变。

甩掉坏习惯的要诀是代之以好习惯。这样的改变往往在一个月内就可完成。办法如下：

1. 选择适当时间

事不宜迟，想改变习惯而又一再地拖延，不会有好的效果。选择一个轻松闲适的时间多尝试几次，会使坏习惯向好习惯转化。

2. 运用意愿力而非意志力

习惯所以形成，是因为潜意识把这种行为跟愉快、慰藉或满足联系起来。潜意识不属于理性思考的范畴，而是情绪活动的中心。"这种习惯会毁掉你的一生。"理智这样说，潜意识却不理会，它"害怕"

放弃一种一向令它得到安慰的习惯。运用理智对抗潜意识，简直难以制胜。因此，要戒掉恶习，意志力不及意愿力有效。

3. 找个替代品

培养一种新的好习惯，破除坏习惯就会容易得多。

有两种好习惯特别有助于戒除大部分的坏习惯。第一种是采用一个有营养和调节得宜的食谱。情绪不稳定使人更依赖坏习惯所带来的慰藉，所以，多吃营养品，防止因不良饮食习惯而造成血糖时升时降，有助于稳定情绪。

第二种是经常做适度运动。这不仅能促进身体健康，也会刺激脑啡——脑内一种天然类吗啡化学物质的产生。近年科学研究指出，缓步跑的人所以感受到自然产生的"奔跑快感"，全是脑啡的作用。

4. 按部就班

一旦决定改变习惯，就拟订当月的目标。要切合实际，善于利用目标的吸引力。如果目标太大，就把它化整为零。达成一项小目标时不妨自我奖励一下，借以加强目标的吸引力。

5. 切勿气馁

成功值得奖励，但失败也不必惩罚。在改变习惯的过程中如果偶有失误，不要引咎自责或放弃。一次失误不见得是故态复萌。

比尔·盖茨指出，人们往往认为，重拾坏习惯的强烈愿望如果不能达到，终会成为破坏力量。然而只要转移注意力，即使是几分钟，那种愿望也会消散，而自制力则会因此加强。

避免重染旧习比最初戒掉时更困难。但是如果你能够把新形象维持得越久，就越有把握不重蹈覆辙。

做人不要太懦弱

懦弱的人害怕有压力，也害怕竞争。在对手或困难面前，他们往往不会坚持，而选择回避或屈服。懦弱者对于自尊并不忽视，但他们常常更愿意用屈辱来换回安宁。

懦弱者常常害怕机遇，因为他们不习惯迎接挑战。他们从机遇中看到的是忧患，而在真正的忧患中，他们又看不到机遇。

懦弱者不敢与人针锋相对，他们也害怕刀剑，进攻与防卫的武器在他们的手里捍卫不了自身。他们当不了凶猛的虎狼，只愿做柔顺的羔羊，而且往往是任人宰割的羔羊。

懦弱总是会遭到嘲笑，而遭到嘲笑会使懦弱者变得更加懦弱。懦弱常常会品尝到悲剧的滋味。中国历史上南唐后主李煜性格懦弱，终于没能逃脱沦为亡国之君、饮鸩而死的悲惨命运。

当初，宋太祖赵匡胤肆无忌惮、得寸进尺地威胁欺压南唐。镇海节度使林仁肇有勇有谋，听闻宋太祖在荆南制造了几千艘战舰，便向李后主奏禀，宋太祖实是在图谋江南。南唐忠君人士获知此事后，也纷纷向他奏请，要求前往荆南秘密焚毁战舰，破坏宋朝南犯的计划。可李后主却胆小怕事，不敢准奏，以致失去防御宋朝南侵的良机。

后来，南唐国灭，李后主沦为阶下囚，其妻小周后常常被召进宋宫，侍奉宋皇，一去就得好多天才能放出来，至于她进宫到底做些什么，作为丈夫的李后主一直不敢过问。只是小周后每次从宫里回来就把门关得紧紧的，一个人躲在屋里悲悲切切地抽泣。对于这一切，李煜忍气吞声，把哀愁、痛苦、耻辱往肚里咽。实在憋不住时，就写些诗词，聊以抒怀。

李煜虽然在诗词上极有造诣，然而作为一个国君、一个丈夫，他是一个懦夫，是一个失败者。

对于胆怯而又犹疑不决的人来说，获得辉煌的成就是不太可能的，正如采珠的人如果被鳄鱼吓住，是不能得到名贵的珍珠的。事实上，总是担惊受怕的人不是一个自由的人，他总是会被各种各样的恐惧、忧虑包围着，看不到前面的路，更看不到前方的风景。正如法国著名的文学家蒙田所说："谁害怕受苦，谁就已经因为害怕而在受苦了。"

世上没有任何绝对的事情，懦夫并不注定永远懦弱，只要他鼓起勇气，大胆向困难和逆境宣战，并付诸行动，依然可以成为勇士。正像鲁迅所说："愿中国青年都摆脱冷气，只是向上走，不必听自暴自弃者说的话。能做事的做事，能发声的发声，有一分热，发一分光，就像萤火一般，也可以在黑暗里发一点光，不必等待炬火。"

拨开心灵的尘网

你一定见过你家的家具被蛛网缠绕，它囤积灰尘，使你无法看到角落的真实情况。你的手表上月丢了，你曾经花了一个星期时间去找，翻遍了家里所有的抽屉和箱子，用扫把在床底和沙发底下捅了好久却一无所获。你带着一身臭汗，坐在那里生闷气。但你为什么不去角落看看呢？

是的，蛛网微不足道，但它既然可以遮蔽你的目光，那它就不是微不足道的。它纵横交错，使你瞬间就打消了寻找的念头，其实，你的手表就在里面……

灰尘越积越厚，错误越拖越多。你心灵上的蛛网，正暗自以你无法看见的姿态和无法预想的速度生长。你原本可以不这样：对同事发牢骚，对家人发火，对工作不负责任，对明天感到绝望，对昨天感到后悔，对着街上的"宝马"愤愤不平，对着别人的脊梁指指点点，对别人的进步不屑，为自己的退步找理由，你觉得天上星星是造成你到现在一无所有的罪魁祸首，你狠狠地把路边的瓶子踢到路中央去。

你的心灵也是这样，你的不小心的嫉妒、愤怒、泄气、自卑都在你的心灵上结网，即使你心底有很多善良和认真，天长日久没有出现在你的内在视线里，你就会以为自己真的是那样，最后对自己丧失了信心。

请别怕脏，你越是嫌弃脏就越脏得厉害，勇敢地把它扯开，然后找到你的手表，把它擦拭干净，对着太阳照照，然后微笑一下，戴在手上，并且记住，下次不能再犯这样的错误了。

其实，拨开它们并不算难，你只需要找出丝网的源头，也就是找到使心灵蒙网的事情，然后冷静下来想清楚，自己和事情本身到底处在一个什么样的位置上，你对自己、别人和事情本身是不是都存在误解，自己可不可以换一种心境去理解，而不是让情绪一直走到底端。放纵自己的情绪是最不安全的事情，坏情绪肆虐起来，浑身的良性循环系统都会受到冲击；好情绪肆虐起来一方面给人积极的姿态，但如若理性的辅助也会失控。

简单地说，一个人应该具有成熟的心态，即理性和感性交融的、自我调节能力平衡的状态。猥琐退缩或好大喜功都会把一个人推向看起来清晰直接，其实模糊混沌的思维状态。人不可能没有情绪，所以不能强求自己一定要心如止水，而要用有效的思维和积极的心态来调节。

　　如果你高兴，就防止自己高兴过头；如果你情绪急剧下落，就遏制住势头，从而使心态转向平和。因为只有一个心态平和的人才能有效并明智地运用理性的洞察，做那些大而细腻的事情。

　　心灵的智慧在于晶莹与剔透。

第七章

抛弃懒惰，选择行动：努力得到自己想要的

选择积极的生活动力

动力是一个生命体存在的基础，一个没有动力的人将会是什么样子，我们不难想象。当你将一块石头放在显微镜下仔细观察，你会注意到它不会有任何变化。然而，如果你放上一个珊瑚虫，就会发现珊瑚虫在慢慢生长变化。其中的道理很简单：珊瑚虫是活的，石头是死的。生命的唯一标志是生长发展。这一标准也同样适用于人的精神世界。如果一个人在发展，他就具有生命力；如果停止发展，他就会失去生命力。

当我们认识到自己应该在生活中保持愉快，并愿意为之付出努力时，就可能以两种不同的需要作为动力。比较普遍的一种是将自

己所谓的缺陷或不足作为动力。例如，如果你是一个中学生，你在学年考试中某一学科没有及格，但你认识到了自己的不足，找出了失败的原因，并决定在下次考试中取得好的成绩，于是你制订了详细的学习计划，并努力付诸实施。另一种则是积极向上的，我们称之为发展动力。你感到人生多么美好，因此，你不愿虚度光阴，而是努力地学习、工作和生活。这种积极向上的生活热情使你充满无限动力，激发你不断前行。

人的生活动力应当是后一种，即要求发展的迫切愿望，而不应总是出于弥补不足而产生一种被动需要。只要你认识到自己应该不断发展与进步，并不断充实自己的生活，这就足够了。一旦你决定让自己陷入惰性，或产生一些不健康的情感时，那意味着你已经决定让自己停止发展。以发展为动力，就意味着要充分体现自己强大的生命力，让生命焕发出应有的光彩，获取人生最大的幸福。而不是时时想到自己的某些缺点和失误，感到自己有必要改正与提高，如果这样，你一定会哀叹人生多么劳累。

只要选择以发展为动力，你就一定能够支配自己的生活。有了这种支配能力，你便可以主宰自己的命运，既不会感到力不从心，也不会人云亦云、毫无主见。有了这种支配能力，你便能够决定自己的外界环境。萧伯纳在他的一个剧本中写道：

"人们通常将自己的一切归咎于环境，而我却不迷信环境的作用。在这个世界上，有所作为的人总是奋力寻求他们所需要的环境；如果他们未能找到这种环境，他们也会自己创造环境……"

要改变一个人的思维、感觉或生活方式，这是一种十分可行的事情，但绝非轻而易举，你应当记住这一点。当然，任何人都不可能一下子就让自己来了一个全新的改变，许多人期望自己的大脑能迅速适应新的要求，他们在努力学习新的思维活动时，往往希望在尝试一次之后，这种行为便会立即成为习惯。

如果你确实希望摆脱各种病态行为，在生活中有所作为，并做出自己的正确选择，如果你确实希望心情愉快，你就必须像完成任何一项艰巨任务一样，对自己严格要求，摒弃迄今为止所养成的自我挫败的思维方式。

要做到这一点，你必须反复地告诫自己：你的大脑确实属于自己，你能够控制自己的情感，你可以做出选择，而且只要你决定主宰自己，你就可以享受更为积极的生活、更为阳光的时光。

先想一个好结果

我们做任何事之前，都要先预想一个好的结果。好结果很重要，有了好结果的鼓舞，人就会信心百倍，有这种积极心态的人，常常能够获得成功。

然而，生活中很多人，在还没有做事前，就想到事情会失败，这种心态消极、负面思考的人，是很难成功的。

一个人是否成功，关键在于他的心态是否积极。成功者在做事前就相信自己能够取得成功，结果真的成功了。这是人的意识和潜意识在起作用。

世界拳击冠军乔·弗列勒每战必胜的秘诀是：参加比赛的前一天，总要在天花板上贴上自己的座右铭——"我能胜！"

一天晚上，在漆黑的偏僻公路上，一个年轻人的汽车轮胎爆了。

年轻人下来翻遍工具箱，也没有找到千斤顶，而没有千斤顶，是换不成轮胎的。怎么办？这条路半天都不会有一辆车经过，他远远望见一座亮灯的房子，决定去那个人家借千斤顶。

在路上，年轻人不停地想：

要是没有人来开门怎么办？

要是没有千斤顶怎么办？

要是那家伙有千斤顶，却不肯借给我，那该怎么办？

……

顺着这种思路想下去，他越想越生气，当走到那间房子前敲开门，主人刚出来，他冲着人家劈头就是一句："你那千斤顶有什么稀罕的！"

弄得主人丈二和尚摸不着头脑，认为是一个精神病人，"砰"的一声就把门关上了。

做事前，就认为自己会失败，自然难以成功了。

世界著名的走钢索选手卡尔·华伦达曾说："在钢索上才是我真正的人生，其他都只是等待。"他总是以这种非常有信心的态度来走钢索，每一次都非常成功。

但是1978年，他在波多黎各表演时，从25米高的钢索上掉下来摔死了，令人不可思议。后来他的太太说出了原因。在表演前的3个月，华伦达开始怀疑自己："这次可能掉下来。"他时常问太太："万一掉下去怎么办？"他花了很多精力研究怎样避免掉下来，而不是研究走钢索，结果失败了。

做任何事，不要在心里制造失败，我们都要想到成功，要想办法把"一定会失败"的意念排除掉。

一个人想着成功，就可能成功；想的尽是失败，就会失败。成功产生在那些有成功意识的人身上，失败往往发生在那些不自觉地让自己产生失败意识的人身上。

想好了就去做

有个一贫如洗的年轻人总是想着如何能够摆脱贫穷，但又不想付诸行动，于是他每隔三两天就到教堂祈祷，而且他的祷告词几乎每次都相同。

第一次他到教堂时，跪在圣坛前，虔诚地低语："上帝啊，请念在我多年来敬畏您的份上，让我中一次彩票吧！"

几天后，他又垂头丧气地回到教堂，同样跪着祈祷，说道："上帝啊，为何不让我中彩？我愿意更谦卑地来服侍您，求您让我中一次彩票吧！"

又过了几天，他再次出现在教堂，同样重复着他的祈祷。如此周而复始，他不间断地祈求着。

到了最后一次，他跪着说："我的上帝，您为什么不垂听我的祈求呢？让我中一次吧！只要一次，让我解决所有困难，我愿终身专心侍奉您。"

就在这时，圣坛上空传出了一个宏伟庄严的声音："我一直在垂听你的祷告。可是——最起码，你也该先去买一张彩票吧！"

现实生活中也许没有如此愚蠢的事，但却有如此愚蠢的人。心中有好的想法却不愿或不敢行动起来，类似的事情在你身上也可能发生。想想你是不是常常渴望成功，却没有为成功做出过一丝一毫的努力？

我们应该懂得，要成功，光有梦想是不够的，还必须拥有一定要成功的决心，配合确切的行动，坚持到底。

只有下定决心，历经学习、奋斗、成长这些不断的行动，才有资格摘下成功的甜美果实。

而大多数的人，在开始时都拥有很远大的梦想，如同故事中那位祈祷者。但却从未掏腰包真正去"买过一张彩票"，缺乏决心与实际行动的梦想。在梦想一个个老去时，他们内心便开始萎缩，种种消极与不可能的思想衍生，甚至不敢再存任何梦想，过着随遇而安、乐天知命的平庸生活。

因此，要想获得成功的果实，光有想法是不够的，想好了就得去做。只有将想法付诸行动，并全力以赴地去做，才有可能获得成功。

丢弃不切实际的誓言

古时候有一个渔夫，是出海打鱼的好手。他有一个习惯，每次打鱼前都要立下一个誓言。有一年春天，听说市面上墨鱼的价格最高，于是他立下誓言：这次出海只捕捞墨鱼，好好赚它一笔。但这一次鱼汛所遇到的都是螃蟹，他非常懊恼地空手而归。等他上了岸，才得知现在市面上螃蟹的价格比墨鱼还要高，他后悔不已，发誓下次出海一定打螃蟹。

第二次出海，他把注意力全放在螃蟹上，可这一次遇到的全是墨鱼。不用说，他又只能空着手回来了。他懊悔地发誓，下次出海无论是遇到螃蟹还是墨鱼，全部都打。

第三次出海后，渔夫严格地遵守自己的诺言，不幸的是，他连一只螃蟹和墨鱼都没有见到，见到的只是一些马鲛鱼，于是，渔夫再一次空手而归……

渔夫没有赶得上第四次出海，他在自己的誓言中饥寒交迫地死去了。

这当然只是一个寓言而已，世上没有这样愚蠢的渔夫，但却有像渔夫那样愚蠢至极的誓言。

有个孩子挺聪明，平时成绩也不错，他的父亲发誓，将来孩子一定要考上一流的大学，而且非清华和北大不读。结果，孩子的压力越来越大，临近高考时，得了严重的神经衰弱症，连续几个月，每天睡不到 4 个小时。成绩如何，可想而知。

许多时候，目标与现实之间，往往有一定的距离，我们必须学会随时去调整。无论如何，人不应该为不切实际的誓言和愿望而奋斗，而应该为可预见的目标而努力。

重要的是执行

有一群老鼠吃尽了猫的苦头，整日提心吊胆，不但终日躲躲藏藏的，没有安全感，而且吃不饱，睡不稳，难以过上安稳的日子。

因此，老鼠群落准备召开全体大会，号召大家群策群力，共同商量对付猫的万全之策，争取一劳永逸地解决事关大家生死存亡的大问题。

众老鼠冥思苦想，都希望能想出一个上佳的计策。

有的提议培养猫吃鸡的新习惯，有的建议加紧研制毒猫药，有的说……

最后，还是一只年老的老鼠出了一个高明的主意，那就是给猫的脖子上挂个铃铛，如果猫一动，就会有响声，大家就可以事先得到警报，躲起来。

这一决议被全票通过，但决策的执行者却始终产生不出来。

"有谁愿意去给猫挂铃铛？"主持会议的老鼠高喊着，可是没有任何老鼠敢站出来。后来高薪奖励、颁发荣誉证书等一系列办法都提了出来，但无论怎样，都没有一只老鼠愿意去，给猫挂铃铛的计划被无限拖延下去。

不管是什么困难，只要敢想，并能够尝试着去解决，就有可能得到解决。如果我们连面对的勇气都没有，那怎么可能走向成功呢？很多事情都已经表明，只有大胆设想、大胆尝试，才是走向成功的第一步。

但更重要的问题是，老鼠的想法虽然新奇，有创意，却不具备可操作性。老鼠与猫始终是天生的敌人，即使最聪明的老鼠想出最好的办法，如果没有执行者，还是等于空谈。问题是，大家想出来的决策是大家投票产生的，但为什么执行者就不能诞生呢？

在生活中我们也会经常碰到类似的问题，很多好主意我们无法转化为行动，很多好决策无法产生现实的意义，这是为什么？就因为我们缺少执行的能力。而很多事实都已经表明，决策和制度不在于多么英明，而在于能否实施。方法再新奇，制度再先进，如果得不到贯彻执行，那也是一张空文，没有任何意义。

在我们碰到新问题的时候，只有打开思路，从不同角度寻找解决问题的方法，才有可能迈向成功。我们都很清楚，发现问题是展开工作的前提，但解决问题才是工作的关键和宗旨。所以，在我们得到了解决问题的办法之后，最应该做的就是尽快把自己的想法变成现实，使问题最终得以解决。

比别人更努力

美国《商业周刊》的记者采访某名企业家时，问道："你成功的秘诀是什么？"

"比别人更努力！"

"其次呢？"

"比别人更努力！"

"最后呢？"

"比别人更努力！"

由此，你也得到成功的答案——比别人更努力！

努力是成功的捷径之一，而且是成功必须付出的代价。要想成功，要想做得更好更出色，那么就必须比别人付出更多，更努力。否则，成功不会属于你。

有些人总是很羡慕他人突然像彗星一样横空出世，却忽视了他人在能够发光之前所下的功夫、所忍受的寂寞和所挨过的苦难。这些人之所以能跑得快一些，是因为他所付出的努力比别人更多。

有一位老教授曾讲起他的经历："在我多年的教学实践中，发觉有许多在校时资质平平的学生，他们的成绩大多在中等或中等偏下，没有特殊的天分，有的只是安分守己的诚实性格。这些孩子走上社会参加工作，不爱出风头，默默地奉献。他们平凡无奇，毕业后，老师同学都不太记得他们的名字和长相。但毕业几年十几年后，他们却带着成功的事业来看老师，而那些原来看来有美好前程的孩子，却一事无成。这是怎么回事？"

老教授常与同事一起琢磨，最后得出一个结论：成功与在校成绩并没有什么必然的联系，但和踏实的性格密切相关。平凡的人比较务实，比较能自律，比别人更努力，所以许多机会落在这种人身上。平凡的人如果加上勤能补拙的特质，成功之门必会向他大方地敞开。

成功的人永远比他人做得更多，当一般人放弃的时候，他们却在坚持；当别人享受休闲的乐趣时，他却在刻苦；当别人正躺在床上呼呼大睡时，他却已投入了工作和学习中。

一个永远值得我们记住的哲理是：成功永远不在于一个人知道多少，而在于他努力多少。

把小事做好

威廉经理决定在德诺和率迪两人之间选择一个人做自己的助理。为了体现民主与公正，威廉经理便决定由全体员工投票选举。投票结果却出人意料，德诺和率迪的得票数竟然相同。威廉经理犯难了，便决定亲自对两人进行一番考察，然后再做决定。德诺和率迪觉得这样做也很公平，便都欣然同意了。

一天，威廉经理在餐厅里吃饭。用餐时，他看见德诺吃过饭后，把餐盘都送进了清洗间，而率迪呢，吃完后一抹嘴巴，便把餐盘推到了餐桌的一边，然后起身走了。

又有一天，威廉经理很随意地走进德诺的办公室，只见德诺正在做下个月的销售计划，便问德诺："每次都是你亲自做销售计划？为什么不让下面分店的负责人去做呢？"

"是的，我总是亲自做销售计划，这样我既能从总体上把握，又能做到心中有数。再说，这样的小事，就麻烦下面分店的负责人，我觉得也没有必要。"

威廉经理又背着手踱到率迪的办公室，率迪也正在看一份销售计划。

"这是你自己做的计划吗？"威廉经理问。

"这样的小事我一般都让下面的分店负责人来做，我只管大的销售计划。"

"那么你有成熟的销售计划吗？"

"这个……这个……我还没有。"

第二天，威廉经理便宣布德诺为自己的助理。

德诺之所以能当上经理助理，主要得益于他不放过任何一件小事，不小看任何一件小事，并且认真地做好每一件小事。

也许有人会说："我目标高远，立志要干出一番大事业。"有这样的雄心壮志固然好，但要想实现它，就必须从每一件小事做起，因为眼前的小事或许正是将来成就伟业的幼苗和基石。试想一下，一个连小事都不愿意做的人，他能干出大事来吗？

不过对于小事，很多人都不愿意去做，但成功者与一般人最大的不同就是他愿意做别人不愿意做的事。一般人都不愿意付出这样的代价，可是成功者愿意，因为他渴望成功。

在公司里，假如同事们不愿意弯腰捡起地上的一枚别针，你要把它捡起来；别的同事不愿意去尝试一项新工作，你要乐意接受它；

别的同事不愿意去条件艰苦的地方开拓业务，你要勇敢地去，并把事情做得最好。

其实，小事不小，做小事虽然只是举手之劳，可就是在你的一举手一投足之间，才能体现出你的细心，才能看出你有无成大事的底蕴。

绝不拖延

拖延是一个善于制造许多误区的恶魔，它会将你的生活和工作拖入泥潭，使你无法自拔。很少有人能坦率地承认他们是不拖延的，这种心态从长远来说其实是不健康的。它实质上是一种神经官能症的情绪副作用的固定行为模式。如果你觉得你有拖延习惯并喜欢这样做而且又没有负疚感和焦虑感，那么，总有一天你将发现，正是拖延使你期待已久的成功和幸福迟迟不能到来。

我们每个人在自己的一生中，有着种种憧憬、种种理想、种种计划，如果我们能够将这一切憧憬、理想与计划，迅速地加以执行，那么我们在事业上的成就不知道已取得多少了！

然而，有的人往往在有了好的计划后，不去迅速地执行，而是一味地拖延，以致让一开始充满热情的事情冷淡下去，使幻想逐渐消失，使计划最后破灭。

一日有一日的理想和决断，昨日有昨日的事，今日有今日的事，明日有明日的事。今日的理想，今日的决断，今日就要去做，一定不要拖延到明日，因为明日还有新的理想与新的决断。

拖延的习惯往往会妨碍人们做事，因为拖延会磨灭人的创造力。

有热情的时候去做一件事，与在热情消失以后去做一件事，其中的难易苦乐相差很大。很多有天赋的人本来很有希望成功，但因为他们喜欢拖延，缺乏干事的热情而最终与成功失之交臂。

放着今天的事情不做，非得留到以后去做，在拖延中所耗去的时间和精力，足以把你几天的工作做好。有些事情在当时做会感到快乐、有趣，如果拖延了几个星期再去做，就会感到痛苦、艰辛了。

拖延是这样的可恶，然而却又这样的普遍，原因在哪里？成功素质不足、自信不足、心态消极、目标不明确、计划不具体、策略方法不够多、过于追求十全十美，这些都是原因。

停止拖延，立即提高自己的成功素质，缺什么，补什么。以下是一些克服拖延，立即行动的对策，不妨采用一下。

（1）做个主动的人。要勇于实践，做个真正做事的人。

（2）创意本身不能带来成功，只有付诸实施时创意才有价值。

（3）用行动来克服恐惧，同时增强你的自信。怕什么就去做什么，你的恐惧自然会消失。

（4）自己推动你的精神，不要坐等精神来推动你去做事。主动一点，自然精神百倍。

给自己制订个优先表

要想做成功人士，做事就应该很有章法，不能眉毛胡子一把抓，要分清轻重缓急！这样才能一步一步地把事情做得有节奏、有条理，达到良好结果。这就是说，每天给自己开一张优先表。

在紧急但不重要的事情和重要但不紧急的事情之间，你首先去办哪一件？面对这个问题你或许会很为难。

现实生活中，许多人都是这样，这正如法国哲学家布莱斯·巴斯卡所说："把什么放在第一位，是人们最搞不清楚的。"对许多人来说，他们完全不知道怎样按重要性排列人生的任务和责任。

比如说，我们在学校学习的过程中，最缺的是什么？可能有许多人会说，我们最缺的就是钱。在这个时期，学习对我们是重要的，但却不是最紧急的，而钱对我们是紧急的，但却不是最重要的。在这个十字路口，我们选择什么？

对这个问题，不同的人有不同的选择。有的人早早就选择弃学从商，有的人依然选择在校学习，而更可悲的人也有，无论他是弃学经商还是在校学习，他都不知道他在做什么。

许多人在处理日常生活的方方面面时，的确分不清哪个更重要、哪个更紧急。这些人以为每个任务都是一样的，只要时间被忙忙碌碌地打发掉，他们就从心眼里高兴。他们只愿意去做能使他们高兴的事情，而不管这些事情有多么不重要或不紧急。

实际上，懂得快乐生活的人都明白轻重缓急的道理，他们在处理一年、一个月或一天的事情之前，总是按分清主次的方法来安排自己的时间。他们懂得给自己制订个优先表，也就是进度表，以合理完成工作。

把一天的事情安排好，这对于你成就大事情是很关键的。这样你可以每时每刻集中精力处理要做的事。但把一周、一个月、一年的时间安排好，也是同样重要的。这样做给你一个整体方向，使你看清自己的前方。

商业及电脑巨子罗斯·佩罗说："凡是优秀的、值得称道的东西，每时每刻都处在刀刃上，要不断努力才能保持刀刃的锋利。"罗斯认识到，人们确定了事情的重要性之后，不等于事情会自动办好。你或许要花大力气才能把这些重要的事情做好。始终要把它们摆在第一位，你必须得费很大的功夫。

从长远而言，我们应该将"重要而不紧急"的事项，列为第一优先，唯有做好"重要而不紧急"的事项才能避免"紧急且重要"的事项不断发生，让我们穷于应付。

比如，优先做好"防火"的预防工作可避免未来可能造成的损失，预防的工作表面上没有效率，而事实上，在无形中提升了很多效率。

要使自己成为有效率的高手，那么不重要的事项就应当大胆舍弃，要使自己不沦落为忙碌的"救火英雄"，则尽量多做些"重要且不紧急"的工作，就能为自己争取到更多的时间。

制订优先表还应考虑以下几点：

（1）常常问自己："哪些事情有助于自己达到目标？"这些事情就是我们必须做的事。

（2）问自己："所有工作中，哪一个工作是最重要的？"开始安排做这一工作。

（3）做任何工作，养成标示重要与紧急性并标注优先级的习惯。

（4）急迫事情来临时，自问："它重要吗？""有助于达到目标吗？"如果答案是否定的，勇敢大胆地割舍，你将会更有效率。

（5）别忽略重要但不紧急的工作，尽量安排时间，有计划地去执行，它们总有一天会变得紧急且重要，让你疲于奔命。

（6）根据"80％～20％理论"考量各重要工作的优先级，这样会更有效率。

给自己加油

每个人都希望和需要得到别人的鼓励。当一个人的才能得到他人的认可、赞扬和鼓励的时候，他就会产生一种发挥更大才能的欲望和力量。

但是，光靠别人的赞扬还不够——因为生活不光是赞扬，还会碰到责难、讥讽、嘲笑。在这时候，你一定要学会从自我激励中激发自信心，学会自己给自己加油。

刘讯参加工作后，他爱上了"小发明"，一下班，常常一头钻进自己的房间，看呀、写呀、试验呀，常常连饭也忘了吃。为此，全家人都对他有看法。妈妈整天絮絮叨叨没完没了地骂他"是个油瓶倒了都不扶的懒鬼"；他大哥一看到他写写画画，摆弄这摆弄那就来气，甚至拍着胸脯发誓："这辈子，你要能搞出一个发明来，我就头朝下走路……"

值得赞叹的是，刘讯在这种难堪的境遇中，始终不泄气、不自卑，而且经常自我鼓励。厂报上每登出有关他的革新成果，哪怕只有一个豆腐块、火柴盒那么大，他都要高兴地细细品味，然后把这些介绍精心地剪贴起来，一有空闲就翻出来自我欣赏一番。每当这时，他就特有成就感，他也就对自己更有信心。

在自己给自己的掌声中，刘讯实验搞成功的小发明慢慢多起来，级别也慢慢高起来了。几年后，他的小发明竟然在世界上获得了大奖。

不断给自己加油促使刘讯走向成功。

美国的一位心理学家说过："不会赞美自己的成功，人就激发不起向上的愿望。"是的，别小看这种自我赞美，它往往能给你带来欢乐和信心；信心增强了，就会鼓励你获得更大的成功。试想，当初刘讯要是不会给自己鼓掌，一听到"你要是……我就……"之类的讥笑，就垂头丧气，就觉得前景黯淡，哪里还会有今天的成功呢？

能为自己加油的人一定是强者，因为他敢于接受任何挑战，自强不息。正是这种加油和喝彩给他们带来源源不断的动力，最终实现自己的目标。

唐代诗人李白在《将进酒》中写道："天生我才必有用，千金散尽还复来。"字字展示了无比的自信。坚信自己的价值，学会为自己加油，学会为自己喝彩，就会拥有一个精彩而有意义的人生。

脚踏实地是最好的选择

任小萍女士说，在她的职业生涯中，每一步都是组织上安排的，自己并没有什么自主权。但在每一个岗位上，她也有自己的选择，那就是要比别人做得更好。

1968年，在西瓜地里干活的她，被告知北京外国语学院录取了她。到了学校，她才知道她年龄最大、水平最差，第一堂课就因为回答不出问题而被罚站了一堂课。然而等到毕业的时候，她已成为全年级最好的学生之一。

大学毕业后她被分到英国大使馆做接线员。接线员是个不当回事地干就很简单，当回事地干就很麻烦的工作。任小萍把使馆里所有人的名字、电话、工作范围甚至他们家属的名字都背得滚瓜烂熟。有时候，有一些电话进来，不知道该找谁，她就多问几句，尽量帮助别人找到该找的人。逐渐地，使馆人员外出时，都不告诉自己的翻译了，而是打电话给任小萍，说可能有谁会来电话，请转告什么话。任小萍成了一个留言台。不仅如此，使馆里有很多人不论公事还是私事都委托她通知、转达、转告。这样，任小萍在使馆里成了很受欢迎的人。

有一天，英国大使来到电话间，靠在门口，笑眯眯地看着任小萍，说："你知道吗，最近和我联络的人都恭喜我，说我有了一位英国姑娘做接线员？当他们知道接线生是中国姑娘时，都惊讶万分。"英国大使亲自到电话间表扬接线员，在大使馆是破天荒的事情。结果没多久，她就因工做出色而被破格调去给英国某大报记者处做翻译。

该报的首席记者是个名气很大的老太太，得过战地勋章，被授过勋爵，本事大，脾气大，把前任翻译给赶跑了，刚开始也不想雇用任小萍，看不上她的资历，后来才勉强同意一试。一年后，老太太经常对别人说："我的翻译比你的好上十倍。"不久，工作出色的任小萍就被破例调到美国驻华联络处，她干得同样出色，获得外交部嘉奖……

在同一个工作岗位上，有的人勤恳敬业，付出的多，收获也多，有的人整天想调好工作，而不肯做好眼前的事。其实，什么样的选择就决定了什么样的将来。

借力而行

一个小男孩在沙滩上玩耍。他身边有一些玩具——小汽车、货车、塑料水桶和一把亮闪闪的塑料铲子。在松软的沙堆上修筑公路和隧道时，他发现一块很大的岩石挡住了去路。

　　小男孩开始挖掘岩石周围的沙子，企图把它从泥沙中弄出去。他是个很小的孩子，而岩石却相当巨大。手脚并用，他花尽了力气，岩石却纹丝不动。小男孩通过手推、肩挤、左摇右晃，一次又一次地向岩石发起"进攻"。可是，每当他刚把岩石搬动一点点的时候，岩石便又随着他的稍事休息而重新返回原地。小男孩气得直叫唤，使出吃奶的力气猛推猛挤。但是，他得到的唯一回报便是岩石滚回来时砸伤了他的手指。最后，他筋疲力尽，坐在沙滩上伤心地哭了起来。

　　整个过程，他的父亲从不远处看得一清二楚。当泪珠滚过孩子的脸庞时，父亲来到了他的跟前。父亲的话温和而坚定："儿子，你为什么不用上所有的力量呢？"

　　男孩抽泣道："爸爸，我已经用尽全力了，我已经用尽了我所有的力量！"

　　"不对，"父亲亲切地纠正道，"儿子，你并没有用尽你所有的力量。你还没有请求我的帮助。"

　　说完，父亲弯下腰抱起岩石，将岩石扔到了远处。

　　人各有短长，你解决不了的问题，对你的朋友或亲人而言或许就是轻而易举的，他们也是你的资源和力量。自己解决不了的难题可以依靠他人的力量克服。

　　"一个好汉三个帮"，要善于待人接物，以便互相提携、互相促进、互相帮助。钢铁大王安德鲁·卡内基曾预先写好他自己的墓志铭："长眠于此地的人懂得在他的事业过程中起用比他自己更优秀的人。"而这，也正是他成功的秘诀之一。善于借助别人的力量，能让弱小的自己变得强大，让强大的自己变得更加强大，自己的成功也会持久。

不做无谓的消耗

我们都知道这样一个常识：煤可以用来发电，但用煤发电时；一吨煤中大部分的能量耗费在机械和电力运输上，而真正用来发光的能量不过是总能量的很小一部分。

人也是如此，一个人在刚刚跨入社会的时候，以为自己有着取之不尽、用之不竭的能源。他相信能利用自己充沛的精力，做出惊人的事业来。他也希望把一切精力都变为促进成功的因素，他为自己年轻感到自豪，以为他的能量不会有用尽的一天，所以在各个地方、各种方面挥霍自己生命的储能。

花天酒地、饮食无度、不检点的生活、奢侈的习惯、工作的不认真等严重摧残、减弱了他的生命储能。直到最后，他才开始反思过去、开始质问自己："我生命的储能所发出的光亮到底在哪里？难道我的能力竟然不能发出什么光亮来吗？"他会惊异地察觉到，他原本有着充分的精力，但竟然连照耀自己的光亮都发不出来，更不用说要照耀他人了。原来可以促成他成功的力量，就像用于发电的煤的能量一样，已在半路上消耗完了。

一个青年在一夜之间将辛苦积蓄的钱浪费掉，固然可惜，但如果他把精力消耗干净，岂不是更可惜？两相比较起来，金钱的损失和精力的耗费孰轻孰重？哪样更有价值呢？

我们都知道，金钱损失以后，还有很多补救的方法。但精力一旦消耗就无法收回，而且随着精力的消耗，往往还附带着某些其他的损失，比如可能败坏人格，可能会在无形中埋没一个人生命中最宝贵的东西。

　　凡是一切足以消耗你生命储能和精力的活动，都应当设法排除。如果你发现自己遭遇到了不幸和错误，那么你应当设法及时补救和挽回。但在你竭尽全力后，你应该将那件事抛在脑后，不要再考虑。千万不要让过去的不幸与错误再来绊住你前进的脚步。永远不要允许过去的不幸和应该遗忘的东西再来搅乱你的心境，更不要让这些东西来消耗你的"生命资本"。

　　所以，凡是足以损伤你的精力、减弱你生命储能的事情，你都不应去做。要常常这样问自己："在我所做的这件事情中，对我的事业、我的能力，是否有所裨益？能否使我成为更有效率、精力更充沛的人呢？"

击好下一个球

　　有人问世界网球冠军海伦·威尔斯·穆迪："你的上一场温布尔登公开赛打得很艰难，当时，你与对手只有一分之差，你当时的感觉怎么样？你在想什么？"

　　"我在想什么？"她有点儿惊异，微笑着回答道，"我只有时间去想如何打好下一个球，击败对手！"

　　无疑，她又登上了英国网球的冠军宝座。在紧张的时刻保持冷静，发挥自己所有的潜能和技术，这才能造就冠军。

　　这是一个很好的镇静取胜的例子。只有时刻保持冷静，调动自己的每一根神经，你才能够取得胜利。

　　如果她失去了自控，她就会失去比赛。如果她想象着比赛结束，自己取得胜利的场景，如果她在击球的过程中有一秒钟的走神，她都会以失败而告终。

有些人可能因为过于自信而失掉比赛，有些人可能因为过于恐惧而满盘皆输。赢得比赛和赢得人生的唯一办法就是认真地击好下一个球，做好每一件事。

如果我们专心致志地打好每一个球，那么，我们一定能赢得比赛。

生活的秘诀在于控制自己的情绪。如果我们不能把自己的精神集中起来，我们就会输掉比赛，甚至在比赛开始之前就已经输了。

不管目前的情况有多糟，调整好情绪，认真地击下一个球，这样结果会完全不同。

无限的潜力

一位音乐系的学生走进练习室。在钢琴上，摆着一份全新的乐谱。"超高难度……"他翻着乐谱，喃喃自语，感觉自己弹奏钢琴的信心似乎跌到谷底，消磨殆尽。已经3个月了！自从跟了这位新的指导教授之后，不知道为什么教授要以这种方式折磨人。勉强打起精神，他开始用自己的十指奋战、奋战、奋战……琴音盖住了教室外面教授走来的脚步声。

指导教授是个极其有名的音乐大师。授课的第一天，他给自己的学生一份新乐谱。"试试看吧！"他说。乐谱的难度颇高，学生弹得生涩僵滞、错误百出。"还不成熟，回去好好练习！"教授在下课时，如此叮嘱学生。

学生练习了一个星期，第二周上课时正准备让教授验收，没想到教授又给他一份难度更高的乐谱，"试试看吧！"上星期的课教授也没提。学生再次挣扎于更高难度的技巧挑战。第二周，更难的乐谱又出现了。同样的情形持续着，学生每次在课堂上都被一份新的乐谱所困扰，然后把它带回去练习，接着再回到课堂上，重新面临双倍难度的乐谱，却怎么样都赶不上进度，一点也没有因为上周的练习而有驾轻就熟的感觉。学生感到越来越不安、沮丧和气馁。

教授走进练习室。学生再也忍不住了，他必须向钢琴大师提出这三个月来他何以不断折磨自己的质疑。教授抽出最早的那份乐谱，交给了学生。"弹奏吧！"他以坚定的目光望着学生。

不可思议的事情发生了，连学生自己都惊讶万分，他居然可以将这首曲子弹奏得如此美妙、如此精湛！教授又让学生试了第二堂课的乐谱，学生依然呈现出超高水准的表现……演奏结束后，学生怔怔地望着老师，说不出话来。

"如果，我任由你表现最擅长的部分，可能你还在练习最早的那份乐谱，而不会有现在这样的程度……"教授缓缓地说。

人，往往习惯于表现自己所熟悉、擅长的领域，而对陌生领域却抱一种恐惧的态度。如果我们回首，细细检视，我们将会恍然大悟：看似紧锣密鼓的工作挑战，永无停歇的环境压力，不也就在不知不觉间成就了今日的诸般能力吗？因为，人，确实有无限的潜力！勇于挑战自己的弱点和不足，我们就能将自己的潜力转化为现实的动力。

人生需要冒险

一个小男孩在野外游玩时发现一窝鹰蛋，他欣喜若狂将其中最大的一只鹰蛋带回了家，与鸡蛋放在了一起。

不久，一只小鹰同一群鸡宝宝一起出生了。它们一块儿玩，一块儿抢食，快乐极了。

小鹰一天天地长大了，它虽然觉得生活有些烦闷，可又无可奈何。

有一天，一只老鹰从鸡场上空飞过，小鹰看见老鹰翱翔于蓝天之上，心中无比羡慕，它想：要是自己也能飞向天空该多好啊！可是自己怎么能够像老鹰一样呢？自己从来就没有张开过翅膀，没有任何飞行的经验。犹豫、徘徊、冲动……经过一阵紧张激烈的内心斗争，小鹰终于决定，即使粉身碎骨，也要展翅高飞。

想到这儿，小鹰感觉自己的双翼涌动着一股奇妙的力量，它勇敢地挥动着翅膀飞向了蓝天，而且越飞越高。

成功的捷径之一就是要敢于冒险。谁都不想一辈子平庸无奇、碌碌无为，那么，不妨向小鹰学习，勇敢地舞动翅膀，展翅高飞。

为什么要冒险？因为不冒险就永远不会有胜利。每一个人心里都希望自己能有所成就，达到某种境界。但是机会是不会光临守株待兔的人的，进取的人才能抓住机会。

或许你会说："我的环境不同，不允许我去冒险。"这种观念就是你的最大敌人。你在这种情形之下，正应冒更大的险。越是平平庸庸的人生越需要冒险。自己的弱点要靠勇敢的行动来治疗。不妨做一些冒险尝试，现在就开始！

世界上到处充满机会。敢于冒险必然会有新的收获。在科学方面，在宗教方面，在商业方面，在教育方面，到处都需要有勇气面对困难的人才。社会迫切需要的是进攻性的人才，而非防御性的人才。

不过，有一点你需要搞清楚：冒险绝不是冒冒失失的无端逞强和希图侥幸的投机取巧。冒险是有目的、有计划地对你的智慧和能力进行挑战。

冒险与收获常常是结伴而行的。险中有夷，危中有利。要想有卓越的成就就要敢于冒险。许多成功人士不一定比你"会"做，重要的是他们比你"敢"做。

如果没有冒险精神，只愿意四平八稳地走在平坦的大道上，那么，永远也成不了遨游蓝天的雄鹰，只能做一只在粪堆里扒食的小鸡。

一些人之所以一辈子平平庸庸、清清淡淡，直到走到人生的尽头也没有享受到真正成功的快乐和幸福的滋味，就是因为他们安于现状，不敢冒险，不敢走前人没有走过的路。

事实上，当你具有一定的冒险精神时，你就不会满足于现状，而是敢于进取。这种冒险往往会给你丰厚的回报。

年轻人风华正茂。走上社会，一方面要通过学习和实践不断增长智慧，另一方面要永远保持冒险精神。裹足不前、安于现状的人，只能在当今瞬息万变的社会中被淘汰出局。

有冒险的生活，才有多姿多彩的人生。

做生活的攀登者

要想实现自己的梦想，就要有胆识有胆量，要勇敢地面对挑战，做一个生活的攀登者，只有这样才能攀上人生的顶峰，欣赏到无限的风景。

在放弃者、半途而废者和攀登者这三种人中，只有攀登者的生活是全面的。放弃者一无所有。半途而废者仅仅达到了基本的物质生活，还处于生活的基层，离全面的生活还很远。但是，攀登者就不一样了，他们对自己要干的事情具有很深刻的目标意识，并且有很强的热情。目标和激情无时无刻不引导着他们。他们知道如何体验快乐，并且把攀登看作是生活对他们的礼物和恩赐。他们知道梦想的天堂并不容易到达，但整个攀登过程中蕴藏的神秘的力量诱使他们勇往直前。

攀登者渴望拥有许多不同的奖赏和收获，但他们更看重长期的收益，而不是短期收益，他们知道现在每向前跨一小步，向上攀登哪怕一点距离，日后都会给他们带来很大的收获，这与半途而废者是完全不同的，攀登者把满足放在了将来，而不像半途而废者仅仅对现状满足，并不考虑未来。

美国诺特拉·丹蒙足球队的教练劳·荷尔兹有一段精彩的传奇经历，他是从来都不能容忍借口和不行动的。

荷尔兹少年时家里很穷，生活很凄惨，并且他患有严重的结巴，他非常害怕在公共场所讲话，甚至到了不敢去上口语课的程度。一天，他找到了给自己确定人生目标的力量（他学会了这种力量），他为自己确定了107个目标，其中包括：与美国总统进餐、漂流沱河、会见波普、跳伞中尽量延长张伞的时间、做诺特拉·丹蒙队的教练、得年度冠军和锦标赛冠军，等等。今天，荷尔兹已经完成了他107项目标中的98项。他获得了声誉，他创造了自己的辉煌，他可以自由地用语言表达他想要表达的一切，他不断去赢得胜利。最后，他不仅战胜了对自己不利的逆境，还战胜了许多我们认为不可能战胜的东西。

生活中，我们能够听到这样的话："立即干""做得最好""尽你全力""不退缩""我们能产生什么""总有办法""问题不在于假设，而在于它究竟怎样""没做并不意味着不能做""让我们干""现在就行动"。这些都是攀登者热爱的语言。他们是真正的行动者，他们总是要求行动，追求行动的结果，他们的话恰恰反映了他们追求的方向。

有挑战才有满足

松下幸之助是由生产电插头起家的，经营初期由于插头的性能不好，产品的销路大受影响，不多久，他就陷入步履维艰的困境。

一天，他身心俱疲地独自走在路上。

一对姐弟的谈话，引起了他的注意。

姐姐正在熨衣服，弟弟想读书，无法开灯（那时候的插头只有一个，用它熨衣服就不能开灯，两者不能同时使用）。

弟弟吵着说："姐姐，你不快一点开灯，叫我怎么看书呀？"

姐姐哄着他说："好了，好了，我就快烫好了。"

"老是说快烫好了，已经过了 30 分钟了。"

姐姐和弟弟为了用电，一直吵个不停。

松下幸之助想：只有一根电线，有人熨衣服，就无法开灯看书，反过来说，有人看书，就无法熨衣服，这不是太不方便了吗？何不想出同时可以两用的插头呢？

他认真研究这个问题。不久，他就想出了两用插头的构造。

试用品问世之后，很快就卖光了，订货的人越来越多，简直是供不应求。他只好增加工人，扩建了工厂。松下幸之助的事业，就此走上轨道，逐年发展，利润大增。

　　你如何看待日复一日的问题，是不是总认为这些问题非常讨厌？但最重要的是，问题越大，挑战也越大，解决问题时所能得到的满足就越大。

　　有创造力的人接受问题，就像欢迎一个能带来更大满足的良机。下次你碰到一个大问题的时候，注意自己的反应。如果有自信，就会感觉很好，因为你又有一个机会来测验自己的创造力。如果觉得不安，切记：你和其他人一样，都能发挥创造力，接受这些问题是激发创意的大好机会。

第八章

抛弃犹疑，选择拼搏：抓住人生机遇

机遇是金

有兄弟两个相约去某个海岛寻找金矿，到海岛的油船很少，半个月一班。为了赶上这趟船，两人都日夜兼程了好几天。当他们双双离码头还有 100 米时，油船已经起锚。天气奇热，两人都口渴难忍。这时，正好有人推来一车柠檬茶水。油船已经鸣笛发动了，哥哥只瞟了一眼卖水车，就径直飞快地向油船跑去。弟弟则抓起一杯茶就灌，他想，喝了这杯茶也来得及。哥哥跑到时，船刚刚离岸 1 米，于是他纵身跳了上去。而弟弟因为喝茶耽搁了几秒钟，等他跑到时，船已离岸五六米了，于是，他只得眼睁睁地看着油船一点点远去……

哥哥到达海岛后，很快就找到了金矿，几年后，他便成为亿万富翁。而弟弟在半月后勉强来到海岛，但只落得做了哥哥手下的一名普通矿工……

许多人在听过这个故事后人都会由衷地发出感叹：机遇是金啊！从某种意义上说，这几秒钟就是机遇的所在。如果你赢得了这几秒钟，那么你就抓住了某个机遇，也许就此抓住了你想要的一切……

把握机遇是一种大智慧

机遇在一个人的发展中起着重要的作用，成功的人都善于把握机遇，在机遇到来时有敏锐的嗅觉和判断能力。当别人对机遇的到来还麻木不仁时，你能捷足先登，抢占先机，你就俘获了机遇。那些对机遇的到来懵然无觉或后知后觉的人，是不会得到机遇垂青的。

有人说："机遇可遇而不可求。"的确，机遇的产生有其内在规律。如果你有足够的勇气、睿智的头脑、敏锐的观察力、判断力，机遇就可以被创造出来。善于抓住机遇是一种智慧，而善于创造机遇更是一种大智慧。

在成功路上奔跑的人，如果能在机遇来临之前就能识别它，在它消逝之前果断采取行动占有它，那么，幸运之神自然会眷顾他。

一个人主观条件的改善，和客观环境的改观，将有利于适应他发展的良好机遇的产生。大量的人才成长史实证明，客观机遇降临时，自身胆识等方面素质较强的人显然要比一般人更容易捕捉到它。才华出众是抓获机遇的最大资本。

对许多成功者发生决定性影响的机遇次数是极少的，少的只有一两次，多的也仅四五次。因此，对于渴求成功的人，机遇的质量重于数量。要选择对自身成长最有帮助的机遇，放弃那些对成才帮助不大的机会。尽可能使机遇在你的成才之路上发挥出最大的作用。

创造机遇、争取机遇需要花费极大的心血，但更为重要的是如何把握好机遇，使其发挥出最大的效力。若是耗费许多精力，好不容易争得了机遇，但却没好好珍惜它，运用和操作时未能把握好，最后只会功亏一篑而饮恨终身。

因此，当机遇向你靠拢时，尽管还带着某些不确定因素，这时最明智的做法是：眼疾手快，当机立断，将它抓获。握住机遇，眼力和勇气是不可缺少的。

机遇是一位神奇但又有些古怪的精灵。它对每一个人都是公平的，但它绝不会无缘无故地降生。只有经过反复尝试，多方出击，才能寻觅到它。

在成功的道路上，有的人不喜尝试，不愿走崎岖的小道，遇到艰辛或绕道而行，或望而却步，他们常与机遇失之交臂。而另一些人，总是很有耐性，尝试着解决难题，不怕吃千般苦，历万道险，结果恰恰是他们能抓住"千呼万唤始出来"的机遇。

可是，机遇不是一个温文尔雅的来客，它不会打着白领带、穿着燕尾服、头顶高帽来登门拜访你。它对任何人都是公正的。它能悄悄地来到所有人的身边。有的人眼疾手快，将机遇迎来做客；有的人却麻木呆滞，使"到嘴的鸭子"飞走。要迎接机遇这位不速之客，需要下一番功夫，需要你开动智慧的头脑。

在我们看来，大多数情况下机会是没有规律的，它总是在不经意间来到我们身边，如果不养成好的习惯，就算把宝石送到你手里，你也会随手丢弃的。

　　有个年轻人，想发财想到几乎发疯的地步。每每听到哪里有财路，他便不辞劳苦地去寻找。有一天，他听说附近深山中有位白发老人，若有缘与他见面，则有求必应，肯定不会空手而归。

　　于是，那年轻人便连夜收拾行李，赶上山去。他在那儿苦等了5天，终于见到了传说中的老人，他请求老者赐珠宝给他。

　　老人便告诉他说："每天早晨，太阳未升起时，你到村外的沙滩上寻找一粒'心愿石'。其他石头是冷的，而那颗'心愿石'却与众不同，握在手里，你会感觉到很温暖而且会发光。一旦你寻到那颗'心愿石'后，你所祈祷的东西都可以实现了。"

　　年轻人很感激老人，便赶快回村去。

　　每天清晨，那年轻人便在沙滩上检视石头，发觉不温暖也不发光的，他便丢下海去。日复一日，月复一月，他在沙滩上寻找了大半年，始终也没找到温暖发光的"心愿石"。有一天，他如往常一样，在沙滩捡石头。一发觉不是"心愿石"，他便丢入海里。一粒、二粒、三粒……

　　突然，"哇……"年轻人哭了起来，原来他刚才习惯性地将一粒石头随手丢入海里，丢出去后才发觉它是"温暖"的，它就是"心愿石"！

　　如果不养成好的习惯，那我们永远都无法得到机会的青睐，如同那个年轻人，他只能在悔恨中度过一生。

大胆秀自己

　　俗话说："酒香不怕巷子深。"这话只适合过去，如今是酒香也怕巷子深。一个人无论才能如何出众，如果不善于把握，那他就得不到伯乐的青睐。所以人需要自我表现，而且自我表现时必须主动、大胆。如果你自己不主动地表现，或者不敢大胆地表现自己，你的才能就永远不会被别人知道。

在电影《飘》中扮演女主角郝斯佳的费雯丽，在出演该片前只是一位名不见经传的演员。她之所以能够因此而一举成名，就是因为大胆地抓住了自我表现的良好机遇。

当《飘》已经开拍时，女主角的人选还没有最后确定。毕业于英国皇家戏剧学院的费雯丽，当即决定争取出演郝斯佳这一十分诱人的角色。

可是，此时的费雯丽还默默无闻，没有什么名气。怎样才能让导演知道自己就是郝斯佳的最佳人选呢？

经过一番深思熟虑后，费雯丽决定毛遂自荐，方法是自我表现。一天晚上，刚拍完《飘》的外景，制片人大卫又愁眉不展了。突然，他看见一男一女走上楼梯，男的他认识，那女的是谁呢？只见她一手扶着男主角的扮演者，一手按住帽子，居然自己把自己扮作郝斯佳的模样。

大卫正在纳闷时，突然听见男主角大喊一声："喂！请看郝斯佳！"大卫一下子惊住了："天呀！真是踏破铁鞋无觅处，得来全不费工夫。这不就是活脱脱的郝斯佳吗？"

费雯丽被选中了。

毋庸置疑，你的表现得到认可之时，就是机遇来临之日。请记住一点：知道你、了解你才能的人越多，为你提供的机遇也就会越多。

当然，很多人或许不会像费雯丽那样仅靠一次表现就获得成功。所以，我们必须有耐心和恒心，多表现自己几次。

在一个人面前表现不行，就在更多的人面前表现；在一个地方表现无效，就在其他地方进行表现。当你表现多了，被发现、被赏识的可能性就会大大增加。

站得高才能望得远

一位飞行员这样讲述他的经历：

"有一次我独自飞行在大洋上空，忽然看到远方有一团比黑夜更晦暗的风暴迅速朝我逼来。乌云如闪电一般立刻笼罩在四周。

"我知道无法赶在风雨来袭之前安全着陆，我俯视海洋，看看是否能冲出云层匍行海面上，但是海洋也掀起汹涌的波涛。我知道现在唯一可行的就是往上飞。于是驾着飞机飞向高空，让它上升 1000 米、2000 米、2500 米、3000 米、3500 米。天空骤然变得漆黑如夜。接着大雨倾盆而下，冰雹像子弹一般落下。我在 4000 米的高空，知道只有一条生路，就是继续往上飞。所以我就爬上 6500 米的高空，忽然，我冲进一片阳光灿烂的福地，这是我前所未见的景象。乌云都在我脚下，光彩夺目的苍穹伸展在我的上空。这种荣光似乎属于另一个世界。"

我们未曾活在至高之处，尚未追寻到理想的境界；我们只是与蜂蝶竞逐，尚未与兀鹰比翼；我们常止于蜗牛学步，而不曾攀登高峰。

现实生活中，有些人却不愿像老鹰那样展翅于高空，他们只愿做一只栖息枝头的平庸的麻雀。向下或上的道路，都是由我们自己选择。我们只能看见平庸的生活。而向上，我们不仅能看见人生的美景，更能展示人生的风采。

皮鲁克是一位木匠的学徒，当他被派去做衣橱时，他的周薪只有400美元。当他完成工作后，他发现客户对自己善于利用空间以及他的木工技艺而感到满意时，皮鲁克以开阔的眼界，想到了一个主意，他用他从第一位客户那儿赚到的酬劳，开办了一家加州衣橱公司。

皮鲁克就凭着当时深受欢迎的"将拥挤的衣橱，转变成能有效利用的空间"的需求，在12年内就把自己的公司扩大成为在全美拥有100多家加盟店的大企业，也引起其他衣橱制造业者一窝蜂跟进。1989年，皮鲁克将他的公司以1200万美金的价格出售了。

皮鲁克可以作为一个木匠而感到满足，因为他能认清自己的能力，他获得的成功甚至超过了当初的梦想。

当你选定了人生所追求的目标之时，你的视野就会变得越来越开阔，因为开阔的视野不仅会给你带来更多的机遇、更多的财富，同时还使你更具创造性，让你一步步走向成功的明天。

钻石就在脚下

印度流传着这样一个故事：

一天，一位老者拜访生活殷实的农夫阿利·哈费特，向他说道："你若得到拇指大的钻石，就能买下附近全部土地；倘若能发现钻石矿，还能让你儿子坐上王位。"

钻石的价值深深地印在了阿利·哈费特的心里。从此，他对什么都不满足了。有天晚上，他彻夜未眠。第二天一早，他便叫起老者请他指教在哪里能够找到钻石。老者想打消他那些念头，但阿利·哈费特听不进去，执迷不悟，仍缠着他要他说。老者只好告诉他："您去很高很高的山里寻找淌着白沙的河，若能找到这条河，白沙里一定埋着钻石。"

于是，阿利·哈费特变卖了自己所有的地产，让家人寄宿在街坊家里，自己出去寻找钻石。但他走啊走，始终没有找到宝藏。他终于失望，在西班牙尽头的大海边投海死了。

可是，这故事并没有结束。

一天，买了阿利·哈费特房子的人，把骆驼牵到后院的一条小河边让骆驼喝水。当骆驼把鼻子凑到河里时，沙中有块发着奇光的东西。那人立即挖出了一块闪闪发光的石头。他将石头带回家，放在炉架上。

过了些时候，那位老者又来拜访这户人家，他一进门就发现了那块闪光的石头，不由得奔上前。他惊奇地嚷道："阿利·哈费特回来了？"

"他还没有回来。这块石头是在后院小河里发现的。"新房主答道。

"您在骗我。"老者不相信，"我走进房间，就知道这里有奇迹。别看我有些唠唠叨叨，但我还是认得这是块真正的钻石。"两人跑出房间，在那条小河边挖掘起来，很快就挖出一块更光亮的石头，而且以后又从这儿挖掘出了许多闪光的石头。

现实的繁华和诱惑很容易让我们浮躁。我们很多人都喜欢谈理想、谈未来，确实每个人都有未来，"谈未来"是一个长盛不衰的话题。很多人没有在自己现在的拥有中发现未来，而固执地认为自己的未来在其他地方，为了并不存在的东西折腾几个来回，却仍然一无所获，顾影自怜时发现已是形容枯槁。

其实我们每个人的脚下都有一座钻石矿，只是有的人忽视脚下，将希望寄于遥远。而有的人就在自己脚下躬身耕耘，说不定哪一天，就觉得眼前一亮，发现原来机遇就在脚下，就在心里。

等待不如创造

"没有机会"永远是那些失败者的托词。他们认为，他们之所以失败，是因为不能得到像别人一样的机会，没有人帮助他们，没有人提拔他们。他们还抱怨好的地位已经人满为患，高级的职位已被他人挤占，一切好机会都已被他人捷足先登。总之，上天对不起他们。

但有骨气的人却从不会为自己寻找这样的托词。他们从不怨天尤人，他们只知道尽自己所能迈步向前。他们更不会等待别人的援助，他们是自助：他们不等待机会，而是自己制造机会。

等待机会成为一种习惯，这是一件危险的事。人的热心与精力，就是在这种等待中消失的。对于那些不肯努力而只会胡思乱想的人，机会是可望而不可即的。只有脚踏实地奋力前进、不肯轻易懈怠的人，才能看得见机会。

机会的降临往往是非常偶然的，机会就在你身边。

伟大的成就和业绩，永远属于那些富有奋斗精神的人，而不是那些一味等待机会的人。应该牢记，良好的机会完全在于自己的创造。如果以为个人发展的机会在别的地方，在别人身上，那么一定会遭到失败。机会其实包含在每个人的人格之中，正如未来的橡树包含在橡树的果实里一样。

世界上最需要的，正是那些能够制造机遇的人。时机虽是超乎人类能力的大自然的力量，但人在机遇面前，不都是被动的、消极的。许多成就大事的人，更多的时候是积极地、主动地争取机会，创造机会。

培根指出："智者所创造的机会，要比他所能找到的多。正如樱树那样，虽在静静地等待着春天的到来，而它却无时无刻不在蓄锐养精。"人在待机之时，不能放松蓄锐养精的积累，还要时时探测方位、审时度势、见缝插针，以寻求有利自身发展的机会。

当一个人计划周详，考虑缜密，在多种有利因素的配合下，时机常常会来到其身边。一个强者，总能创造出契机，常常与机会结缘，并能借助机遇的双翼，搏击于事业的长空。

创造机会需要一种韧劲、磨劲，需要耐心。当你确定明确的奋斗方向，有坚定的信念，并时时刻刻准备"接纳"机遇时，就可能得到机遇女神的青睐。

借口让你错失机会

那些认为自己缺乏机会的人，往往是在为自己的失败寻找借口。成功者不善于也不需要编造任何借口，因为他们能为自己的行为和目标负责，也能享受自己努力的成果。

很多人在面临挑战时，总会为自己未能实现某种目标找出无数个理由。正确的做法是：抛弃所有的借口，积极寻找解决问题的方法，积极寻找成功的机会。

有一个年轻的酒店大老板，在成为老板之前，是一家路边小旅馆的临时工。那个时候，他觉得自己根本没有什么前途而言。

　　一个寒冷的冬天，时间已经很晚了，他正准备关门，这时候进来一对年老的夫妻。他们正在为四处找不到住处发愁，很不巧的是，这家小旅馆也客满了。看到他们又困又乏的样子，年轻人将自己的床铺让给了他们，自己却在大厅的地板上将就了一夜。第二天一早，老夫妻坚持按价支付房费，但年轻人拒绝了，他认为让床铺是件很小的事情，而且旅馆老板交代过，不能拒绝客人的要求。

　　那对老夫妻临走的时候对他说："你有足够的能力当一家大酒店的老板。"

　　一开始，年轻人还以为对方说的是客气话，然而没想到的事情发生了。一年后，他收到了一封来自纽约的信，正是出自那对老夫妻之手。他们在信中告诉年轻人，他们专门为他建了一座大酒店，邀请他去经营管理，并附上一张飞往纽约的机票。

　　年轻人为了把工作做好，没有借口说旅店客满而把顾客拒之门外，甚至没有计较一夜的房费，正是这举手之劳，使他获得了一个梦寐以求的机会。

　　我们设想一下，如果这个年轻人当时借口客满，把那对老夫妻打发走了，结果会怎么样呢？也许他直到现在还在那个小旅馆里打杂。每个人都会有许多机遇，往往一个借口就让你错失也许对你一生来说最重要的机会。

别让任性赶走机会

　　很多时候，不是机会不找你，而是当它来临时，你没有好好珍惜。一念之间，机会转眼消逝，你再怎么可惜也没有用。

　　一位气质好、相貌佳的女子每天朝九晚五地上班。从早到晚她的工作不外乎坐在办公桌前对着电脑，或者偶尔接接电话，虽然稳定，却相当单调。

　　许多人看到她的第一个反应，都会惊奇其天人般的容貌而感叹道："你长得这么漂亮，不去当明星太可惜了！"

　　她听了以后只能苦笑，没有人知道，她其实是当过演员的。

　　那一年，她才刚踏入社会，没有太多历练，一心只想往演艺圈发展。她参加一个角色的试镜，导演慧眼识珠，挑来挑去，最后只剩下两个候选人，她就是其中一个。

　　她长得漂亮，气质又好，和剧中的女主角简直如出一辙，她知道，另外一位候选人根本不是她的对手。但是，由于她没有演戏经验，导演考虑再三，迟迟不敢做最后决定。

　　不料，导演在媒体上三番两次地夸奖她，使得外界谣言四起。有人说她和导演有染，想用美人计来争取这个角色；又有人说她人美心恶，处处与另外一位候选人过不去。听到这些子虚乌有的传闻，一向洁身自爱的她实在咽不下这口气，一气之下，拂袖而去。

　　她宣布退出这一次竞争。

　　这部连续剧的女主角最终就由剩下来的那位候选人担任。戏才刚上演，她便因为观众喜爱剧中的角色，一夜间迅速蹿红。现在，人家可是红得发紫的大明星了呢！

　　而她十几年来却远离处处是机会，可以一展才华的演艺圈，成了一名普通的上班族，从事自己并不真心喜欢的职业，其中的遗憾和委屈，不是一口气能道尽的。

　　说起来，她只是因为当年的一口气，而把自己的前途输掉了。

　　一个人提着渔网去捕鱼，不巧，当他刚到达溪边时，天空就下起了大雨。鱼没捕成，他一气之下把渔网给撕破了，岂知气还未平，他又一头栽进了溪里。溪水相当湍急，他从此再也没有爬上来。

　　这个故事或许很夸张，但是类似这样的事却在我们周围屡见不鲜。赶走你机会的，通常都是你自己的个性，都因为你的一口气。

　　难怪有人说"忍一时风平浪静，退一步海阔天空"，这句话的确非常中肯实在。

问题也是机遇

　　乔治是美国格道牙刷公司的职员。一天早上，他从睡梦中惊醒时，时间已经快到8点了。他急忙从床上跳起来，冲进卫生间，匆匆忙忙洗脸刷牙。公司制度很严，迟到是不允许的。由于心急，他的牙龈被刷出血来。他气得将牙刷扔在马桶里，擦了把脸，便冲出门去。

　　到了公司门口，他看表离上班还有几分钟，不禁松了一口气。这时，他感到嘴里有一股咸味，吐出来，原来是一口血。看来他刚才被那把牙刷伤得不轻。他心里不由得升起一股怨气：牙龈被刷出血的情况，已经发生过许多次了，并非每次都怪他不小心，而是牙刷本身的质量存在问题。如果他用的是其他厂家生产的牙刷，还可以投诉，出出心头之气。偏偏他用的是本公司的产品，总不能跟自己的饭碗作对吧！真不知道技术部的人每天都在干什么，为什么不能研制出不伤牙龈的牙刷呢？他气冲冲地向技术部走去，准备向有关人员发一通牢骚。

　　乔治正要跨进技术部，忽然想起管理培训课上学到的一条训诫：

"当你有不满情绪时，要认识到正有无穷无尽新的天地等待你去开发。"他的头脑冷静下来，暂时压下牙龈出血事件带来的不满情绪。他想，技术部的人也使用本公司生产的牙刷，肯定也遇到过牙龈出血的问题，为什么不加以解决呢？肯定是因为暂时找不到解决办法。另外，他还听其他人抱怨过牙龈出血的问题，他们用的并不都是本公司的牙刷。可见这是一个牙刷厂家普遍遇到的技术难题。如果能解决它，情况会怎么样？这也许是一个发挥自己的好机会呢！于是，他打消了去技术部发牢骚的念头，掉头走了。

从这以后，乔治和几位要好的同事一起，着手研究解决牙龈出血的问题，他们提出了改变牙刷的造型、质地以及毛的排列方式等多种方案，结果都不理想。有一天，乔治将牙刷放在显微镜下观察，发现毛的顶端都呈锐利的直角。这是机器切割造成的，无疑也是导致牙龈出血的根本原因。

找到了原因，解决起来就容易多了。改进后的格道牌牙刷在市场上一枝独秀。作为公司的功臣，乔治从普通职员晋升为科长。十几年后，他成为这家公司的董事长。

在我们身边，有许许多多不如意的事情。其实，每一件不如意的事情中，都隐藏着一个机会，能帮助你提升事业、改善人际关系、提高生活品位。每一个创新都是从抱怨开始的：有人抱怨道路不够平，于是出现了水泥大道；有人抱怨煤油灯不够亮，于是有了电灯……与其嘀嘀咕咕抱怨这抱怨那，不如想一下里面有没有可以发展自己的机会，每一个问题的背后都可能蕴藏有好的机会。

机会藏在琐事中

美国企业家杰布里，曾讲起他少年时的一段经历。

在杰布里13岁时，他开始在他父母的加油站工作。有段时间，每周都有一位老太太开着她的车来清洗和打蜡。这个车的车内地板凹陷极深，很难打扫。而且，这位老太太极难打交道，每次当杰布里给她把车准备好时，她都要再仔细检查一遍，让杰布里重新打扫，直到清除掉每一缕棉绒和灰尘她才满意。

终于，有一次，杰布里实在忍受不了，他不愿意再侍候她。杰布里的父亲告诫他说："孩子，记住，不管顾客说什么或做什么，你都要学会控制自己的情绪，并以应有的礼貌去对待顾客。"

舒尔的事例也很有启发性。

舒尔在头天晚上接到姐姐的电话，说他们的母亲病得很重，将不久于人世，希望他能及时赶回来见母亲最后一面。

第二天一早，舒尔赶到了他工作的百货公司，请求辞职回家。经理答应了他的要求，但希望他能把当天的工作完成。这时候，有位老妇人走进了这家百货公司，漫无目的地在公司内闲逛，很显然是一副不打算买东西的样子。大多数售货员只对她瞧上一眼，就自顾自地忙其他事情去了，但舒尔主动跟她打招呼，很有礼貌地问她，是否有需要他服务的地方。这位老太太说她什么都不需要，即便如此，他仍然主动和她聊天，以显示他确实欢迎她。当老太太准备离去时，舒尔还陪她到街上，并为她拦了辆出租车。

老太太并没有马上走，而是找到了百货公司的经理。当她知道舒尔因为要回家看生病的母亲，而在最后一天的工作上还如此勤奋热心时，她简直惊呆了。

几个月后，舒尔突然接到一个陌生的电话，美国钢铁大王卡内基亲自邀请他加入钢铁公司，担任重要职务。直到这时舒尔才知道，他曾接待过的那位老太太是卡内基的母亲。

舒尔如果不是掩藏起心中的哀伤，热情地招待这位不想买东西的老太太，那么，他将永远不会获得这种极佳的晋升机会了。伟大的生活基本原则都包含在最普通的日常生活经验中，同样，真正的机会也经常藏匿在看来并不重要的生活琐事中。

你可以找 10 个你身边的普通人，问他们为什么不能在他们所从事的行业中获得更大的成就，那么这 10 个人当中，至少有 9 个人会告诉你，他们并未获得好机会。你不妨对他们的行为做一整天的观察，以便对这 9 个人做更进一步的正确分析。你将会发现，他们在一天的每个小时当中，正不知不觉地放弃着自动来到他们面前的良好机会。所以要想抓住机会，获得成功，千万不能忽视身边的琐事。

一切皆有可能

有一家效益相当好的大公司，决定进一步扩大经营规模，高薪招聘营销主管。广告一打出来，报名者蜂拥而至。

众多应聘者接到的并不是什么繁复的面试，而是一道实践性的试题：把木梳卖给和尚。

绝大多数应聘者困惑不解，甚至恼怒：出家人剃度为僧，拿木梳何用？岂不是神经错乱，拿人开涮吗？没过一会儿，应聘者三五成群拂袖而去。

偌大个场地上，最后只剩下 3 个应聘者：小刘、小李和大周。

负责人对剩下的这 3 个应聘者交代："以 10 日为限，届时请各位将销售结果向我汇报。"

10 日的期限转眼就到了，3 位应聘者如期回到公司作汇报。

小刘讲述了自己销售期间的辛苦以及受到众和尚的责骂和追打的委屈。但皇天不负有心人，在下山途中小刘遇上一个正在太阳下使劲挠头皮的小和尚，他顿时灵机一动递上木梳，小和尚用后满心欢喜，就买下了一把。

负责人问小李："那么你卖出多少？"

小李答："10 把。"

小李去的是一座名山古寺，由于山高风大，进香者的头发多被吹乱了，小李找到寺院的住持说："蓬头垢面是对佛的不敬。应在每座庙的香案前放把木梳，供善男信女梳理鬓发。"住持采纳了他的建议，买了 10 把梳子。

最后是大周，他的答案是 1000 把，负责人大为惊奇，连忙问他整个过程。

原来大周去了一个颇具盛名、香火极旺的深山宝刹，那里朝圣者如云，施主络绎不绝。他给住持提了个建议：凡来进香朝拜的人多有一颗虔诚之心，宝刹应有回赠，以做纪念，保佑其平安吉祥，鼓励其多做善事。我有一批木梳，你的书法超群，可先刻上"积善梳"3个字，然后便可做赠品。

大周还给住持出主意：不妨搞一个首次赠送"积善梳"的仪式，隆重其事，让香客感受到一种尊重和善意。住持听了大喜，即时拍板买了大周所有的梳子，并邀请他留下来帮忙组织赠送梳子的仪式。

至于谁是最后的胜出者，就不言自明了。这个故事是真是假，已不甚重要。重要的是大周的开放思维让他从绝望中寻找到了希望，从不可能中寻找到了可能。

世界上常常有这种情况：一般人看来不可能做成的事情，聪明人只要稍微动一下脑筋，改变一下思路，就找到了办成事情的方法。

失败也是一次机会

我们谁都不愿意失败，因为失败意味着以前的努力将付诸东流，意味着一次机会的丧失。但一生平顺、没遇到失败的人，怕是没有的。几乎所有人都存在谈败色变的心理，然而，若从不同的角度来看，失败其实是一种必要的过程，也是一种必要的投资。数学家习惯称失败为"或然率"，科学家则称之为"实验"，如果没有前面一次又一次的"失败"，哪里有后面所谓的"成功"？

全世界著名的快递公司 DIL 创办人之一的李奇，对曾经有过失败经历的员工则是情有独钟。每次李奇在面试前来应聘的人时，必定会先问对方过去是否有失败的例子，如果对方回答"不曾失败过"，李奇直觉认为对方不是在说谎，就是不愿意冒险尝试挑战。李奇说："失败是人之常情，而且我深信它是成功的一部分，有很多的成功都是由于失败的累积而产生的。"

李奇深信，人不犯点错，就永远不会有机会，从错误中学到的东西，远比在成功中学到的多得多。

另一家被誉为全美最有革新精神的 3M 公司，也非常赞成并鼓励员工冒险，只要有任何新的创意都可以尝试，即使在尝试后是失败的，每次失败的发生率是预料中的 60%，3M 公司仍视此为员工不断尝试与学习的最佳机会。

3M 坚持的理由很简单，失败可以帮助人再思考、再判断与重新修正计划，而且经验显示，通常重新检讨过的意见会比原来的更好。

美国人做过一个有趣的调查，发现在调查的所有企业家中平均每人有三次破产的记录。即使是世界体坛顶尖的一流选手，失败的次数也毫不比成功的次数"逊色"。例如，著名的全垒打王贝比路斯，同时也是破产三次的纪录保持人。

其实，失败并不可耻，不失败才是反常，重要的是面对失败的态度，是反败为胜，还是就此一蹶不振？杰出的企业领导者，绝不会因为失败而怀忧丧志，而是回过头来分析、检讨、改正，并从中发掘重生的契机。

有一句话说得很有意思："最大的失败，就是为自己的失败寻找借口。"不愿面对失败与不肯承认失败同样糟糕。失败后若能把它当成人生的一堂必修课，你会发现，大部分的失败都会给你带来一些意想不到的好处！

第九章

放弃消极，选择积极：阳光总在风雨后

世界的颜色来自心情的颜色

人生一世，花开一季，谁都想让此生了无遗憾，谁都想让自己所做的每一件事都永远正确，从而达到自己的预期。可这只能是一种美好的幻想，人不可能不做错事，不可能不走弯路。做了错事、走了弯路之后，会后悔是人之常情，这是一种自我反省，是自我解剖与抛弃的前奏，正因为有了这种"积极的后悔"，我们才会在以后的人生之路上走得更好、更稳。倘若一味地埋头后悔，不仅会忘掉曾经的幸福，也会失掉勇气，放弃追逐前方的幸福。用至诚禅师的那句"得不偿失"真是再恰当不过了。

"得不偿失"会让我们失去原有的幸福，其实幸福一直都在我们的身边，只是我们没有用心去体会而已。

从前有个老太太，她有两个儿子，大儿子卖扇子，小儿子卖伞。

老太太总是很忧愁，如果遇到天阴下雨，老太太就发愁了："太糟了！大儿子的扇子卖不出去了！"可是等到晴天出太阳，她又发愁："太糟了！小儿子的伞又卖不出去了！"所以，她成天愁眉苦脸、担惊受怕，一直很烦恼。结果，两个儿子也受她影响，心情很糟糕，生意自然做不好。

有一天，苦行僧路过老太太家门口，看见她连连叹气，于是上前询问原因，老太太便将理由一五一十告诉了他，苦行僧哈哈大笑，说道："老人家，您不如换个心境想问题。下雨时想：'太好了！小儿子的伞可以卖出去了！'出太阳时就想：'太好了！大儿子的扇子又可以卖出去了！'"

老太太觉得苦行僧的话很有道理，于是照着去做了。果然，她的心情变了。不论天气怎样，她都很高兴，每天活得开开心心、乐乐呵呵。

虽然两个儿子的生意没有变化，天气也还是老样子：雨照下，天照晴，但老太太的心情变了，世界就变得大不一样了。可见，心情的颜色会影响世界的颜色。

生活中很多事情是无法改变的，同样一件事情在不同人的身上会有着截然不同的反应，有的人会一直愁眉不展，有的人依然和往常一样积极进取。如果一个人，对生活抱一种达观的态度，就不会稍有不如意就自怨自艾。大部分终日苦恼的人，实际上并不是遭受了多大的不幸，而是自己的内心对生活的认识存在偏差。事实上，生活中有很多坚强的人，即使遭受不幸，精神上也会岿然不动。充满欢乐与战斗精神的人，永远带着欢乐，欢迎雷霆与阳光。

一个云游的高僧送给至诚禅师一把紫砂茶壶，至诚禅师非常珍爱这个茶壶，每天都要亲自擦拭，打坐之余，便会亲自用紫砂茶壶泡壶好茶，品茶参禅，静心修佛。

有一天，禅师与远道而来的高僧交流佛法，留下一个小和尚打扫禅房，小和尚看见师父珍爱的紫砂茶壶，一时紧张，竟失手将紫砂茶壶摔碎。小和尚自觉闯了大祸，于是战战兢兢，捧着碎了的紫砂茶壶，背着藤条，待禅师归来后，跪在佛堂面前请求处罚。

至诚禅师扶起小和尚，淡淡地说道："碎了就碎了。"

旁观的小和尚不明白："师父不是很珍惜这把茶壶吗？为何茶壶碎了却是满不在乎的样子？"

至诚禅师说："茶壶已经碎了，在乎有什么用呢？在乎能让茶壶复原吗？既然如此，何苦沉浸在在乎中，得不偿失呢？"说罢依旧闭目参禅。

最钟爱的紫砂茶壶被打碎了，的确是件让人懊悔的事。但至诚禅师却说得很直白："茶壶已经碎了，在乎有什么用呢？在乎能让茶壶复原吗？与其在乎，不如想想为师今天怎么喝茶。"至诚禅师不愧是高僧，深知懊悔埋怨远不如轻装前进，不再计较已有的损失，而是干脆利落，只管向前。这就给了我们一个重要的启示，在前进的征程中，我们也应该学会权衡利弊，并明白豁达开通远胜于独自悔恨。

其实，幸福，简单而朴实，有时候自行车的车轮声也是美妙的歌曲，有时候再动听的音乐也会让我们心生烦恼，幸福不是某个人所专有的，而是在于个人的心态，简单且充满着美好的愿望，所以才幸福。

幸福在我们的身边，需要我们去用心体会；幸福就在前方，需要我们努力去追逐。

心情的颜色能影响世界的颜色，当我们身处不顺的处境时，不必消极、难过，让我们换个角度想想就会得到一番新的发现和幸福。

积极的期盼会为自己"升级"

具有积极心态的人，即使在恶劣的环境中，也能寻找到自身的闪光点，为自己铺就一条光明大道。虽然有时候，期盼只是一种精神力量，无法立竿见影地起到决定性的作用，但却能在绝望的时候，给人一种支持。

积极的期盼会为人生"升级"，为人生增添几分色彩。

人的一生，就像一趟旅行，沿途中有数不尽的坎坷泥泞，但也有看不完的春花秋月。如果我们的一颗心总是被灰暗的沙尘所覆盖，干涸了心泉、暗淡了目光、失去了生机、丧失了斗志，我们的人生轨迹岂能美好？而如果我们能保持一种健康向上的心态，即使我们身处逆境、四面楚歌，也一定会有"山重水复疑无路，柳暗花明又一村"的那一天。

"二战"时期，在纳粹集中营里，一个犹太女孩写过这样一首诗：

这些天我一定要节省，虽然我没有钱可节省；

我一定要节省健康和力量，足够支持我很长时间；

我一定要节省我的神经、我的思想、我的心灵和我精神的火；

我一定要节省流下的泪水，

我需要它们安慰我；

我一定要节省忍耐，在这些风暴肆虐的日子，

在我的生命里我多么需要温暖的情感和一颗善良的心。

这些东西我都缺少，

这些我一定要节省。

这一切，上帝的礼物，我希望保存。

我将多么悲伤，

倘若我很快就失去了它们。

在恶劣的环境下，这个女孩一直用稚嫩的文字给自己弱小的灵魂取暖，用坚韧的希望照亮黑暗的角落。很多人在绝望中死去，而这个小女孩终于等到了"二战"结束，看到了新生的曙光，迎来了新的生活。

决定我们命运的不是环境，而是心态。无论身处什么样的环境，一旦养成了消极被动的工作态度和习惯，人就很容易不思进取、目光狭隘，慢慢地丧失活力与创造力，忘记了自己当初信誓旦旦的人生信条与职业规划，最终走向好逸恶劳、一事无成的深渊。

环境怎样是好、怎样是坏，并没有一个标准，而在于人如何自处。置身其中，不迷失自己，保持积极主动的精神，这样的环境再"坏"也是好环境；反之，再"好"的环境也是坏环境。

环境对人确实有一定的影响，而最关键的还是人自身，顺境或逆境都不能成为消极被动的借口。难怪有人说，我们的环境——心理的、感情的、精神的——完全由我们自己的态度来创造。

只有用积极的态度去生活，生活才会更充满希望。积极的期盼能够为人生推波助澜，让人生不断提升，达到期望中的高度。

保持阳光般的笑脸

2004 年和 2005 年，他代表辽宁省参加全国硬地滚球锦标赛，分别获得了 BC1 级铜牌和银牌。2006 年第九届远南运动会，他在硬地滚球比赛中获得 BC1 级银牌，实现了中国在该项目国际比赛中奖牌零的突破。他叫曹绯，曾经是一个重度脑瘫患者，曾经是一个六七岁还不会走路的孩子。可是今天，他凭借自己勤奋的努力和积极的心态获得了诸多不俗的成绩，令中国和世界为之欣喜。作为首次征战残奥会的运动员，曹绯有着良好的心态！他这样对记者说："比赛结果并不重要，重要的是我尽力了。其实，能够参赛我已经胜利了！"

这是一种乐观向上的精神，是残奥会展现给世界最完美的一束阳光心态。

阳光是生命的热情也是面对生活的一种心态，是面对生活所应有的态度。拥有阳光的心态，才能够淡定、从容，才能够令人在失败后，依然保持自信的笑容。程菲在"程菲跳"失误之后，依然张开手臂，向世界展示自信的微笑；谭宗亮在拿下银牌后，说自己虽然没能为国夺金，但是银牌对于自己也已经足够；柳金说这是奥运奖牌，银牌和金牌同样重要；刘翔说：请你们相信我，我会跑得更快，飞得更高……

什么是阳光？阳光就是自信，是微笑，是我们在全球搜寻到的 2008 张可爱的笑脸；是宽广的胸怀，是冠军永远的品质，是人生珍贵的骄傲。

阳光的人是积极向上、富有进取心的人，他们不会自卑，时刻充满热情与勇气，重信守诺，敢于冒险。阳光性格让他们的人生更加完美、更加精彩。

人的一生中会遇到各种各样的困难和挫折，逃避和消沉是解决不了问题的，唯有以乐观的阳光心态去迎接生活的挑战，才有机会成功。阳光的人每天都拥有一个全新的太阳，积极向上，并能从生活中不断汲取前进的动力。"不论担子有多重，每个人都能支持到夜晚的来临，"罗勃·史蒂文生写道，"不论工作有多苦，每个人都能做他那一天的工作，每一个人都能很甜美、很有耐心、很可爱、很纯洁地活到太阳下山，而这就是生命的真谛。"

不错，我们对生命所要求的也就是这些。可是住在密歇根州沙支那城的薛尔德太太，在学到"要生活到上床为止"这一点之前，却感到极度的颓丧，甚至想自杀。

1937 年薛尔德太太的丈夫去世，她觉得非常颓丧，而且几乎一文不名。她写信给以前的老板李奥罗区，希望可以回去做以前的工作——推销世界百科全书。两年前丈夫生病的时候，她把汽车卖了。薛尔德太太勉强凑足钱，分期付款才买了一部旧车，又开始出去卖书。

1938 年的春天，她来到密苏里州的维沙里市，那里的学校都很穷，很难找到客户。薛尔德太太觉得成功是不可能的，活着也没有什么希望。每天早上她都很怕起床面对生活。她什么都怕，怕付不起分期付款的车钱，怕付不起房租，怕没有足够的东西吃，怕她的健康情形变坏而没有钱看医生。让她没有自杀的唯一理由是，她担心她的姐姐会因此觉得很难过，而且她姐姐也没有足够的钱来支付自己的丧葬费用。

直到有一天，她读到一篇文章，使她从消沉中振作起来，使她有勇气继续活下去。她永远感激那篇文章里那一句很令人振奋的话：

"对一个聪明人来说，太阳每天都是新的。"她用打字机把这句话打下来，贴在她的车子前面的挡风玻璃上，这样，在她开车的时候，每一分钟都能看见这句话。她发现只活一天并不困难。她学会忘记过去，不想未来，每天早上都对自己说："今天又是一个新的生命。"她成功地克服了对孤寂的恐惧和对需要的恐惧，并开始快活地生活，始终对生命抱着热忱和爱。她现在知道，不论在生活上碰到什么事情，都不要害怕；不必怕未来，"对一个聪明人来说，太阳每天都是新的"。

事情本身并不重要，重要的是人对事情的看法。一个人，当他改变对事物的看法时，事物和其他人对他来说就会发生变化。不为失去的东西而烦恼，不让自己沉浸在痛苦之中，将思想指向光明，你就会很吃惊地发现，你的生活也变得光明了。

在日常生活中会碰到极令人兴奋的事情，也同样会碰到令人消极的、悲观的事，这很正常。如果我们的思维总是围着那些不如意的事情转动的话，也就相当于往下看，到最后终究会摔下去的。因此，我们应尽量做到脑海想的、眼睛看的，以及口中说的都应该是光明的、乐观的、积极的，相信每天的太阳都是新的。虽然天上的太阳只有一个，但阳光的心态，却不是每个人都有；要知道，世界正在搜寻你阳光般的微笑……

不是青松，可以是最好的灌木

人生如戏，每个人都在舞台上热情地演绎自己的生命。有的人是主角，台词很多，追光灯打在他神采飞扬的脸上，翩翩身影赢得无数的鲜花、赞赏与掌声。但也有一些人，由于时间、地点、学识、经历，抑或只是一个小小的缺憾，都做不成这场戏的主角。他们只能掀开帘布的一角，望着主角的辉煌，叹息自己的平凡。

可是，人们似乎忘记了，天上星群闪耀，但月亮却只有一轮。人生难道不是这样吗？做不成参天大树，我们同样可以做一株快乐的小草；做不成青松，也可以做最好的灌木。

人生就像是一个舞台，每个人都在饰演着不同的角色，不管饰演什么角色，每个人来到世上，都希望演绎出辉煌的成就和有个性的自我，希望自己的一颦一笑、风度学识或是动人歌喉、翩翩身影，能够得到别人的认可和掌声。但并不是每个人都能神采飞扬地站在灯火闪烁的舞台上，成为万众瞩目的主角。作为一个平凡的个体，大多数人也许只能在镁光灯的背后呢喃自己的独白，没有人会关注，没有人会在意，没有人会给予簇拥的鲜花和热烈的掌声。

面对此情此景，有些人往往会嗟叹自己的渺小与庸常，感怀别人的优秀与成功。其实又何必艳羡那些鲜花和掌声呢？鲜花虽然美丽，掌声固然醉人，但它们只能肯定某些人的成就，却无法否定多数人的价值。只要你脚踏实地地生活，活出一个真真正正的自我，那么即使所有的人把目光投向别处，你还可以为自己鼓掌。重要的是你是否能够以主角的心情上台用尽全力去演出，活出一个无怨无悔的人生。

也许你是一只煅烧失败、一经出世就遭冷落的瓷器，没有凝脂般的釉色，没有精致的花纹，无法被人藏于香阁，可当你摒弃了杂质，由一个泥胚变成一件瓷器的时候，生命就已经在烈火中变得灼人而又亮丽，你就应该为此而欣慰。也许你是一块矗立山中、终日承受日晒雨淋的顽石，丑陋不堪而又平凡无奇，沧海桑田的变迁中，被人千百年的遗忘在那里，可你同样应为自己自豪，长久地屹立不倒，便是你永恒的骄傲。

也许你只是广袤宇宙中的一粒尘埃，只是海滩上的一颗沙粒，只是茫茫人海中最平凡的一个行人，但是，只要你拥有一双，哪怕只剩下一只手，你都要勇敢地为自己鼓掌。

让我们以主角的心态勇往直前，当我们碰壁时，我们低下昂得高高的头；当我们遭遇失败时，我们灰心丧气，万分沮丧；当我们为现实而回头张望时，我们已失去了自尊。人生的道路上到处充满荆棘，即使再平静的海面也会有波涛汹涌的一天。但要相信自己，用一颗勇敢的心去面对。一次失败并不代表最后的失败，谁笑到最后才笑得最灿烂。

胜利了，一笑而过；跌倒了，忍痛爬起，继续人生之旅。或许胜利的旗帜就在前方向我们挥手；或许下一站就是成功；或许明天又是美好的一天。所以我们应该不消极、不泄气，勇往直前，开拓通往未来的七彩之路。

美国诗人道格拉斯·马洛奇曾写过这样一首诗：

如果你不能成为山巅上一棵挺拔的松树，

就做一棵山谷中的灌木吧！

但要做一棵溪边最好的灌木！

如果你不能成为一棵参天大树，

那就做一片灌木丛林吧！

如果你不能成为一丛灌木，

何妨就做一棵小草，给道路带来一点生气！

你如果做不了麋鹿，

就做一条小鱼也不错！

但要是湖中最活泼的一条！

……

在人生的舞台上，无论扮演什么角色，我们都应抱有乐观的心态，以主角的心情上台演出。

放弃眼泪，选择微笑

微笑是一种做人的心态的外在表现，就好像日益枯萎的植物，需要注入能够让它复苏的营养成分，微笑恰恰是这样一种养分。

微笑的后面蕴涵的是一种坚实的、无可比拟的力量，一种对生活巨大的热忱和信心，一种高格调的真诚与豁达，一种直面人生的智慧与勇气。也许无力改变周遭的事物，也许无力改变天气，但是我们能够改变自己的心情。

1985年，美国女孩辛蒂还在医科大学念书，有一次，她到山上散步，带回一些蚜虫。她拿起杀虫剂为蚜虫去除化学污染，却感觉到一阵痉挛，原以为那只是暂时性的症状，谁料她的后半生从此陷入不幸。

杀虫剂内所含的某种化学物质使辛蒂的免疫系统遭到破坏，使她对香水、洗发水以及日常生活中接触的一切化学物质过敏，连空气也可能使她的支气管发炎。这种"多重化学物质过敏症"，到目前为止仍无药可医。

起初几年，她一直流口水，尿液变成绿色，有毒的汗水刺激背部形成了一块块疤痕。她甚至不能睡在经过防火处理的床垫上，否则就会引发心悸和四肢抽搐。后来，她的丈夫用钢和玻璃为她盖了一所无毒房间，一个足以逃避所有威胁的"世外桃源"。辛蒂所有吃的、喝的都得经过选择与处理，她平时只能喝蒸馏水，食物中不能含有任何化学成分。

很多年过去了，辛蒂没有见到过一棵花草，听不见一声悠扬的歌声，感觉不到阳光、流水和风。她躲在没有任何饰物的小屋里，饱尝孤独之余，甚至不能哭泣，因为她的眼泪跟汗液一样也是有毒的物质。

然而，坚强的辛蒂并没有在痛苦中自暴自弃，她一直在为自己，同时更为所有化学污染物的牺牲者争取权益。1986年，她创立了"环境接触研究网"，以便为那些致力于此类病症研究的人士提供一个窗口。1994年，辛蒂又与另一组织合作，创建了"化学物质伤害资讯网"，保证人们免受威胁。目前这一资讯网已有来自32个国家的5000多名会员，不仅发行了刊物，还得到美国、欧盟及联合国的大力支持。

她说："在这寂静的世界里，我感到很充实。因为我不能流泪，所以我选择微笑。"

没有力气哭泣，我们就选择欢笑；没有心情悲伤，我们就选择快乐。

生活是一曲快乐的歌谣，我们要微笑着吟唱。失败了也不沮丧，就当是对未知的一种尝试。每一次的成功，我们就当是幸运的偶然，不自傲，不虚荣，从容地面对，接受幸福，接受孤独，也敢于沐浴忧伤。

微笑着，去唱生活的歌谣。把尘封的心胸敞开，让消极悲观淡去；把自由的心灵放飞，让豁达乐观回归。这样，一个豁然开朗的世界就会在你的眼前层层叠叠打开。蓝天、白云、小桥、流水……潇洒快活地一路过去，鲜花的芳香就会在你的鼻翼醉人地萦绕，华丽的彩虹就会在你的身边曼妙地起舞。

清理暗角，自己拯救自己

在人类的心里，有一个暗角。这是一个不为人知的领域，没有被开发，也没有被研究过。这个暗角里隐藏了各种人性本能的欲望，诸如胆怯、欺骗、嫉妒等情绪。这些情绪让人的生命变成黑白，毫无色彩感，这样的人生是苍白无趣的。要想拯救自己脱离出这样的人生，便只有靠自己清理掉这些暗角。

能够保持积极的心境是一门生活的艺术，你是用积极、乐观的思维方式看世界，还是用消极、悲观的想法回避现实世界？同样的事物，以不同的态度、方法去对待，结果自然也就完全不同，这就看你自己的行动了。

尼克松因水门事件被迫辞掉总统之职后，久久沉浸在突然面临的失落与忧愤、媒体的穷追猛打之中，还时常沉浸在自己两次当选的辉煌与现在穷途末路境地的强烈反差中。这一切使得 62 岁的尼克松患上了内分泌失调和血栓性静脉炎，几乎是在苟延残喘地度日。然而他并没有在不利的环境中倒下，而是及时地调整了自己的心态，他告诫自己："批评我的人不断地提醒我，说我做得不够完美，没错，可是我尽力了。"

他不畏惧失败，因为他知道还有未来。他始终相信勇往直前者能够一身创伤地回来，也就是能重新调整心态来迎接新的挑战和争取新的胜利，鼓舞自己从挫折中走出来。在这之后，他连续撰写并出版了《尼克松回忆录》《真正的战争》《领导者》《不再有越战》《超越和平》等著作，以自己独特的方式继续为国家服务，实现了人生应有的价值。

帕拉马汉萨·尤格南达说："世界上有这么多可爱之处，为什么只盯着阴沟里的污水呢？任何伟大的艺术品、音乐和文学作品中都可能有瑕疵，但是我们只欣赏其中的魅力和奇妙之处不是更好吗？"

逆境中，人的情绪会极度消沉，要学会自己拯救自己，尽快走出失败的阴影。我们正视失败并不意味着消极地承受，正好相反，它意味着转败为胜的可能。只要我们拥有自信，以一种乐观而积极的态度坚持奋斗，就必能突破困境。

一个刚入寺院的小沙弥，忍受不了寺院的冷清生活，甚至有了轻生的念头。这一天，他独自一人走上了寺院后面的悬崖，就在他紧闭双眼，准备纵身跳下时，一只大手按住了他的肩膀。他转身一看，原来是寺院的老方丈。

小沙弥的眼泪马上流了出来，他如实告诉方丈，自己已看破红尘，只想一死了之。

老方丈摇摇头，对小沙弥说："不对，你拥有的东西还有很多很多，你先看看你的手背上有什么？"

小沙弥抬手看了看，讷讷地说："没什么呀？"

"那不是眼泪吗？"老方丈语气沉重地说。

小沙弥眨眨眼睛，又是热泪长流。

老方丈又说："再看看你的手心。"

小沙弥又摊开双手，对着自己的手心看了一阵，不无疑惑地说："没什么呀？"

老方丈呵呵一笑，对小沙弥说："你手上不是捧着一把阳光吗？"

小沙弥怔了一下，心有所悟，脸上也泛起丝丝笑容。

作家焦桐说："生命不宜有太多的阴影、太多的压抑，最好能常常邀请阳光进来，偶尔也释放真性情。"

其实，每个人的一生都是在失败的挑战中度过的。经验通常来自于磨难的升华。生活中最可怕的是不能在逆境中用自己的智慧战胜它，而永远被它所困。我们要有足够的勇气设法扭转这个局面，不要逃避，不要拒绝，以此为跳板，这样才能走向成功。

当然，要达到这样的境界，就要获得一个健康的心境。为此，要保持积极向上的心态，经常开怀大笑。积极的情绪不仅能使你显示青春活力，还将有助于你增强机体免疫力，使机体免受疾病的侵袭。

面对人生，我们应学会清理暗角，保持乐观的心态，在逆境中学会自己拯救自己。

让阳光与心灵同行

心态，是一种神奇的力量，千万不要忽视这种力量的作用，它能让天堑变通途，化腐朽为神奇。拥有一颗感恩的心，便无疑拥有了一种积极的心态，而这种心态，能使你在任何时候享受到花的温馨、暖的阳光，没有一种东西能阻止积极心态的力量。

积极心态能帮助感恩的人成就事业。它能使人在忧患中看到机会，看到希望，保持进取的旺盛斗志去克服一切困难。

两个年轻人结伴去深圳淘金，一下火车就感受到深圳与其他城市之间的巨大差异，水这日常生活中必不可少的物质，都得花钱买。

于是两个人的反应截然不同，一位十分沮丧："完了，这鬼地方连水都要钱买，看样子是难以立足了。"而另一位则十分高兴："太好了，连水都能赚钱，这里的钱一定很好赚。"到后来，前者沦为乞丐，后者变为富翁。

两个有着共同起点的人，只因为两种不同的心态，结果产生了两种截然不同的结果，这不能不让人想到，成功处处都在，却只有积极乐观的心态才能收获成功。

积极，其实是获得成功的一种途径。人们不管做什么事情，心态很重要，你抱着什么样的心态，结果也就会随着你的心态而改变。有时候，即使身处绝境，只要怀着积极的心态，坚持不懈，乐观也能将我们救活。

1939 年，德国军队占领了波兰首都华沙，此时，卡亚和他的女友迪娜正在筹办婚礼。卡亚做梦都没想到，他和其他犹太人一样，在光天化日之下被纳粹推上卡车运走，关进了集中营。卡亚陷入了极度的恐惧和悲伤之中，在不断的摧残和折磨中，他的情绪极其不稳定，精神遭受着痛苦的煎熬。一同被关押的一位犹太老人对他说："孩子，你只有活下去，才能与你的未婚妻团聚。记住，要活下去。"卡亚终于冷静下来，他下定决心，无论日子多么艰难，一定要保持积极的精神和情绪。

所有被关在集中营的犹太人，他们每天的食物只有一块面包和一碗汤。许多人在饥饿和严酷刑罚的双重折磨下精神失常，有的甚至被折磨致死。卡亚努力控制和调适着自己的情绪，把恐惧、愤怒、悲观、屈辱等抛之脑后，虽然他的身体骨瘦如柴，但精神状态却很好。

5 年后，集中营里的人数由原来的 4000 人减少到不足 400 人。

纳粹将剩余的犹太人用脚镣铁链连成一长串，在冰天雪地的隆冬季节，将他们赶往另一个集中营。许多人忍受不了长期的苦役和饥饿，最后死在茫茫雪原之上。而在这人间炼狱中，卡亚却奇迹般地活了下来。他不断地鼓舞自己，靠着坚韧的意志力，维持着衰弱的生命。

1945年，盟军攻克了集中营，解救了这些饱经苦难、劫后余生的犹太人。卡亚活着离开了集中营，而那位给他忠告的老人，却没有熬到这一天。若干年后，卡亚把他在集中营的经历写成一本书。他在前言中写道："如果没有那位老者的忠告，如果放任恐惧、悲伤、绝望的情绪在我的心间弥漫，很难想象，我还能活着出来。"是卡亚自己救了自己，是他用积极乐观的情绪救了自己。

"感恩我还活着，只要我活着，就不会让任何人把我打垮"，卡亚正是凭着这样一种积极的心态才在存活率极低的情况下活了过来，这种激发潜力的能量不是苟活，而是积极的活法。

所以，如果我们想获得生活的幸福与美满，或者事业的成功与辉煌，不再成为阴霾的奴隶，那么我们就要让心态永远靠近阳光，永争第一。

发现事物美好的一面

面对人生，不同的人有不同的处世态度。明人陆绍珩说，一个人生活在世上，要敢于"放开眼"，而不是向人间"浪皱眉"。

"放开眼"和"浪皱眉"就是对人生正反面的选择。如果我们选择正面，就能乐观自信地舒展眉头面对一切；而一旦选择了背面，就只能是眉头紧锁、郁郁寡欢，最终成为人生的失败者。

　　既然怎样面对人生是由自己的选择来决定的，那么，何不让自己永远保持乐观良好的感觉呢？

　　世界是快乐的还是悲伤的，是精彩的还是单调的，关键在于我们怎么看待。

　　安德烈小时候，不知道从哪儿得到了一堆各种颜色的镜片，他喜欢用这些有颜色的镜片遮挡眼睛，站在窗台上看窗外的风景。用粉红色的镜片，面前的世界便是一片粉红色；用蓝色的镜片，眼前就是一片蓝色；当用黄色的镜片的时候，世界又变成黄色的。用不同颜色的镜片去看眼前的世界，世界便为他呈现不同的颜色。

　　后来安德烈渐渐长大，每当遇到不高兴的事情，他就会想起这件事情。他总是对自己说："世界并没什么不同，但我可以决定这个世界的颜色！"

　　安德烈的故事给了人们很好的启示：既然我们不能改变一些无法改变的东西，那就改变一下自己吧。

　　世界的色彩是随着我们情绪的变化而变化的，我们拥有什么样的心情，世界就会向我们呈现什么样的颜色。所以，别让悲观挡住了生命的阳光，即使处于困难的中心，我们也完全可以用乐观的心情将自己救活。

　　美国心理学家杰弗·P戴维森认为："积极的心态源于对工作和学习的乐观精神，凡事不要想得太悲观、太绝望，否则你眼中的世界将是一片灰暗、一片混沌，工作起来自然也就打不起精神。"一个阳光的人，心情乐观开朗，他的人生态度是积极的，那他不管在工作中还是在生活上，都能很好地完成任务。因此这类人在这段时间里自我价值的实现也就相对比较多，自我价值实现得越多，自我肯定的成就感也就越多，这样就能拥有一个好的心情，形成一个良性循环。相反，一个心情阴暗的人悲观、抑郁，整天愁眉苦脸地面对生活，不管做什么事情都不积极，甚至错误百出，那么他的自我价值就会实现得越来越少，自我否定的因素就会增加，使心情更加消极抑郁，就成了一个恶性循环。

因此有人说，积极的心态会创造阳光的人生，而消极的心态则让人生充满阴霾；积极的心态是成功的源泉，是生命的阳光和温暖，而消极的心态是失败的开始，是生命的无形杀手。

有一个对生活极度厌倦的绝望少女，她打算以投湖的方式自杀。在湖边她遇到了一位正在写生的老画家，老画家专心致志地画着一幅画。少女厌恶极了，她鄙薄地看了老画家一眼，心想：真是幼稚，那鬼一样狰狞的山峰有什么好画的！那坟场一样荒废的湖有什么好画的！

老画家似乎注意到了少女的存在和情绪，他依然专心致志、神情怡然地画着，一会儿，他说："姑娘，来看看画吧。"

她走过去，傲慢地睨视着老画家和他手里的画。

结果少女被吸引了，竟然将自杀的事忘得一干二净。她从没发现过世界上还有那样美丽的画面——他将"坟场一样"的湖面画成了天上的宫殿，将"鬼一样狰狞"的山画成了美丽的、长着翅膀的女人，最后将这幅画命名为《生活》。

少女的身体在变轻，在上升，在飘浮，她感到自己就是一片袅袅婀娜的云……

良久，老画家突然挥笔在这幅美丽的画上点了一些黑点，似污泥，又像蚊蝇。

少女惊喜地说：“星辰和花瓣！”

老画家满意地笑了：“是啊，美丽的生活是需要我们自己用心发现的呀！”

其实少女和老画家看到的景色并没有根本的区别，仅仅是因为当时的心态有所不同，生活的美与丑，全在我们自己怎么看。如果我们将心中的丑陋和阴暗面彻底放下，选择一种乐观积极的心态，用心去体会生活，就会发现，生活处处都美丽动人。

悲观失望的人在挫折面前，会陷入不能自拔的困境；乐观向上的人即使在绝境之中，也能看到一线生机，并为此努力。

因此，面对生活，我们大可不必消极，乐观面对，才是最好的选择。

乐观将我们拯救于绝望

我们的眼光是为了看到现时的喜乐而存在的，如果始终将目光停留在消极之处，那么你只会变得越来越沮丧、自卑，不仅无缘无故给自己增添烦恼，还会影响你的身心健康。你的人生就可能被失败的阴影遮蔽它本该有的光辉。

在悲观失望的人眼里，世界都是黑暗的，而在乐观积极的人眼中，世界到处都是鸟语花香，充满生机。

杂志撰稿人鲁斯最初知道自己身患重病是在 5 年前，当时，他去买人寿保险，做心电图时发现冠状动脉有阻塞症状之后遭到保险公司的拒绝。保险公司的医生说，他只能再活一年半，而且必须辞掉杂志撰稿人的工作，也不能参加任何体育活动。那时，他才 37 岁。

鲁斯不愿放弃自己那种生龙活虎的生活方式，下决心找出另外的办法活下去，他想通过锻炼保持心脏的健康。同时，他又为自己定了一个大胆的治疗方案。他开始服用大量的维生素C，再对自己实行一种"幽默疗法"——连着看大量的喜剧片，读著名作家写的滑稽作品。他后来说："我很高兴地发现，捧腹大笑10分钟就能起到麻醉作用，使我至少能够不觉得疼痛地睡上两个小时。"到现在为止，5年过去了，他还活着。

鲁斯现在认为，紧张和压力之类的消极力量会使身体虚弱，而快乐、信心、欢笑、希望等积极乐观的力量会使身体强壮。"倘若说我们战胜沮丧的乐观情绪的力量不能在身体里引起生物化学上的积极变化，我是绝不相信的。"鲁斯说，"我们能够想办法让自己活下去。每当犯病到了医院的时候，院长和治心脏病的专家都在等着我。我说：'没事，各位别紧张。我希望你们了解，我是到你们医院来过的最顽强的病人。'"

鲁斯从治疗经验当中得出一个信念：乐观的心情比药物还有用。他说，这一点应当引起治疗专家的重视。"如果乐观的情绪本身能够起到治疗作用的话，就不应该忽略，而要当成所有疗法的一个组成部分。"

乐观的力量绝不仅仅是帮助你建立一个好的心态，在坚强的意志的帮助下，它甚至可以挽救一个人的生命。

因此，生活中，事情本身对我们并不重要，重要的是面对事情的态度。只要有一双能够发现美好事物的眼睛，有一颗保持乐观的心，那么即使是再悲惨的事情，也不会让我们悲伤。

我们都有这样的感受：快乐开心的人在我们的记忆里会留存很长的时间，因为我们更愿意留下快乐的而不是悲伤的记忆。每当我们回想起那些勇敢且愉快的人们时，我们总能感受到一种柔和的亲切感。

19世纪英国较有影响的诗人胡德曾说过："即使到了我生命的最后一天，我也要像向日葵一样，总是面对着事物光明的一面。"到处都有明媚宜人的阳光，勇敢的人一路纵情歌唱，跳动的心灵一刻都不曾沮丧悲观；不管这个人从事什么行业，他都会觉得工作很重要、很体面；即使他穿的衣服破烂不堪，也无碍于他的尊严；他不仅自己感到快乐，也给别人带来快乐。

千万不要让眼光停留在消极之处，让自己的心情变得越来越消沉，一旦发现有这种倾向就应该马上避免。我们要养成乐观的个性，面对所有的打击都要坚韧地承受，面对生活的阴影也要勇敢地克服。要知道，任何事物总有光明的一面，我们应该去发现光明、美好的一面。垂头丧气和心情沮丧是非常危险的，这种情绪会减少我们生活的乐趣，甚至会毁灭我们的生活。

充满自信，你也可以成为世界"第一等"

北京时间2008年8月9日中午12：05——这个时刻永远定格在中国人的记忆里，一个闪亮的名字也早已铭刻在观众的内心深处——陈燮霞，一个身材娇小的广东妹子，力拔山兮气盖世，依靠着不屈不挠的拼搏精神，以总成绩212公斤的绝对优势获得女子举重48公斤级金牌，并且打破了奥运会纪录。

自2000年女子举重成为奥运会正式项目以来，中国女举还从没有在48公斤这一级别中夺取过奥运会金牌。2004年的雅典，李卓在被一致看好的情况下意外输给了"土耳其黑马"塔伊兰，痛失冠军，给国人留下了深深的遗憾。因此陈燮霞的奥运会目标不但是为中国代表团赢得北京奥运会开门红，更填补了中国女举在奥运会48公斤级上的金牌空白。

陈燮霞在比赛中有很明显的优势。在赛前的称体重中，陈燮霞比4个最具威胁的对手塔伊兰、厄兹坎、汶披塔和劳西里恭都轻；而在抓举和挺举的开把重量上，陈燮霞也是位居所有对手之首，显出了一种咄咄逼人的气势。在整场比赛中，陈燮霞的对手就是她自己，只要战胜自己，她就是胜利者。

陈燮霞属于大器晚成型的运动员，她经过多年的刻苦训练，终于实现梦想，登上奥运冠军领奖台。她的经历应验了一句话"是金子总会发光"，她也是这样描述自己的，正因为对自己抱着"金子"的自信，陈燮霞最终变成了一枚熠熠生辉的"金牌"。

我们都知道一个人取得成功有很多因素，但是首要的一点就是自信。只有对自己满怀信心，相信自己可以实现理想，并不断激励自己发挥潜能才有可能获得成功。一个知难而退的人永远也品尝不到成功的喜悦和滋味。

美国著名学者、心理学教授威廉·詹姆斯曾经这样论述信念："只要怀着信念去做你不知能否成功的事业，无论从事的事业多么冒险，你都一定能够获得成功。"实际上，除了知识、教养、经验和金钱外，成功的首要因素就是自信。

很多时候，我们会抱怨机会没有来敲门，或者敲门声太轻了，我们还没有来得及听到它就走开了。而实际上，很多机会都是靠自己去争取的，靠你的实力和自信去获得的。假如你是一个导演，你愿意把自己辛苦创造的一个角色交给一个没有自信的人吗？假如你是一个老板，你愿意雇用一个没有底气的员工吗？一个人不自信，别人就没办法相信你，也就没办法把重要的工作交给你去做；真是这样的话，你将会错失很多良机。

面对大千世界，我们会遇到强手如林的竞争，也会遇到迷茫徘徊的困境，在这时，我们更应该满怀自信地积极争取，才能渡过难关。这个世界上，所有的成功者无一例外都是自信的人，是坚信自己可以成功的人，是在任何时候都不放弃的人。而那些失败者往往并不是因为自己和别人的差距才失败，而常常是因为在起跑线前就丧失了必胜的信念。一个不自信的人，没有办法全力以赴地前进，自然也就成了一个失败者。

望远镜可以帮你看得更远，助听器可以帮你听得更真，但是世界上没有一样东西可以帮助你建立自信，除非你自己。重拾你的自信，有一天，你也会成为这个世界的"第一等"。

点燃一份热情，迎接新的生活

阳光，本身给人的印象就是燃烧着激情的火焰，这种激情的火焰足以燃烧一个对生活已经麻木的人，让他重新变得阳光起来。车尔尼雪夫斯基说过："生活只在平淡无味的人看来才是空虚而平淡无味的。"在日复一日的忙碌中，人们忘记了给生命点燃一份热情，以致把生活的一切看成是一种负担。而实际上，热情对于生命来说是极其重要的，生活是船，热情便是帆。你可以没有金钱，但你不能没有精神；你可以没有权势，但你不能没有生活的热情。热情是生命中最大的财富，它的潜在价值远远超过金钱及权势，正如太阳的光芒一样源源不断地释放能量。

世界从来就有美丽和兴奋的存在，它本身就是如此动人，如此令人神往，所以我们必须对它敏感，永远不要让自己感觉迟钝、嗅觉不灵，永远也不要让自己失去那份应有的热情。成功学的创始人拿破仑·希尔指出，若你能拥有一颗热情之心，是会给你带来奇迹的。热情是富足的阳光，它可以化腐朽为神奇，给你温暖，给你自信，让你对世界充满爱。

日本有一家叫木村的事务所，有一年想买近郊的一块地皮用于建造新厂。这块地皮也同时被另外几家公司看中了，大家竞相购买。可是前后半年时间内，这几家公司的董事长不知费了多少口舌，也没有谁能说动地皮主人——那个倔强的老太婆。

一个下雪天，老太婆到城里办事，顺便来到木村事务所。她的本意是想最后再见一次董事长，并告诉他，"死了买这块地皮的心"。她推门一看，屋里的地板光彩照人，就在她犹豫不决的时候，一个年轻的小姐出现在她的面前。"欢迎光临！"小姐一下子看出了老人的窘态，便想找一双拖鞋给她换上，不巧，屋里正好没有，小姐便毫不犹豫地把自己穿的拖鞋脱下来，整齐地摆在老人的面前，微笑着说："很抱歉，请穿上这个好吗？"老人看着小姐双脚踩在冰冷的地板上，有些过意不去。小姐却热情地说："别客气，请穿吧，我没什么关系。"等老人穿好拖鞋，小姐才问道："老人家，您要找谁呢？""哦，我要见木村先生。""他在楼上，我带您去见他。"小姐就像女儿搀扶母亲那样小心地扶着老人上了楼。老太太感觉脚下的拖鞋是温暖的，而更使她感到温暖的是这个素不相识的女孩。

突然间，老太太恍然大悟了："是啊，人不能光顾自己的利益，也应该为别人着想呀！"于是，就在她走进木村董事长办公室的一瞬间，她改变了主意，决定把那块受到众人瞩目的地皮卖给木村事务所。她告诉董事长说："在我漫长的一生里，遇到的绝大多数人是冷漠的，我也去过其他几家要买地的公司，接待的人没有一个像你这里的小姐对我这么热情。你的女职员年纪那么轻，就对人那么友爱、那么诚恳，给了我无限的温暖。真的，我不是为了钱才卖地的。"

就这样，一个个大企业家倾其全力交涉半年也徒劳无功的事情，竟因一个女职员的热情举动而无意间促成了。

正如奥格·曼狄诺所说："热情可以移走城堡，使生灵充满魔力。它是真诚的特质，没有它就不可能得到真理。我曾一度以为生活的回报就是舒适与奢华，现在才知道我们盼望着的东西应该是幸福。就我的未来而言，热情比滋润麦苗的春雨还要有益。今后，我所有的日子都将与以往不同。我不再把生活中的付出当作辛劳，相反，让我忘记生活的艰辛，用旺盛的精力、充分的耐心和良好的状态去迎接每天的工作。有了这些素质，我将远远超过以往的成绩。时间飞逝，热情不绝，我一定会变得对自己和对世界更有价值。我抱定这样的态度，那么一切都会变得无比美好。"

仔细体会一下奥格·曼狄诺所说的话，反思一下，你是一个拥有阳光般热情性格的人吗？你对周围的亲人、朋友、同事表现出足够的热情了吗？如果你做得还不够好，那现在就为自己制订一个培养热情性格的行动计划，让热情充满我们生活的每一个角落。

用快乐拥抱每一天

沧海桑田，世事变化，无论在生活中面对怎样的事情，我们都应该保持一种乐观的心态。坚信只要活着，就有希望，只要每天给自己一个希望，我们的人生就一定是快乐和精彩的。

亚瑟博士今年已经101岁，但他仍然保持着年轻人的冲劲与活力。一天晚上和朋友开车沿公园大道兜风时，他兴致盎然地跟随着车载音响的节拍哼起了小调。"抬头看着远处！"他说，"到处是高楼大厦，我觉得这个城市最伟大的地方是，它随时都在改变，不断地在进步。"

朋友曾经问他对于现在年轻人的看法。"我感谢上帝，使这个世界有了这些年轻人。"他说："他们真的是不错！现在的年轻人比起我们那时候要聪明、懂事多了。他们将会为我们创造一个新世界，我正期待着新世纪的来临！"

一个101岁的老人，他正期待一个新世纪的来临。那天，他们逛了很久。夜已深，朋友向他抱歉地说这么晚了还让他待在外面，当时已经快11点了。"没关系，"他说，"我常常半夜才睡。但是，明天我会找时间休息。我很久以前就发现，不能太勉强自己，你也应该学会这一点，年轻人。明天，我要照常起来，轻松自在地吃顿早餐，看看报纸。如果在报纸的讣告版上看不到我的名字，就会上床再睡一觉。"

亚瑟博士把每天都当成新生命的诞生因而充满希望，尽管这一天也许有很多麻烦事等着他，但他把每一天都当作生命的最后一天而珍惜。人在认真生活的时候，就会变得更乐观、更坚强，充满希望。

所谓的不良情绪也就无从打扰了。

每一天的太阳都是崭新的，每一天都会带给我们新的希望。有希望就会有期待，当我们养成一个习惯，每天期待一件惊喜的事发生，那么我们的期待，就没有一天会落空。也就是说，我们期待得愈多，得到的意外喜悦就愈多。如果一个人心中每天都装满了希望，那么他还有什么理由去叹息、去悲哀、去烦恼呢？

有两个人在沙漠的黑夜中行走，水壶中的水早就喝完了，两人又累又饿，体力渐渐不支了。在休息的时候，其中一个人问另一个人，现在你能看到什么？

被问的那个人回答道："我现在似乎看到了死亡，似乎看到死神在一步一步地向我靠近。"

发问的人却微微一笑，说："我现在看到的是满天的星星和我的妻子、儿女等待我回家的脸庞。"

两个人看到了两种景象，最后，那个说看到死亡的人真的死了，就在快要走出沙漠的时候，他用刀子匆匆结束了自己的生命；而另一个说看见星星和自己妻子、儿女脸庞的人靠着星星的方位指示成功地走出了沙漠，并成为人们心目中的英雄。

其实这两个人并没有根本的区别，仅仅是因为当时的心态不同，但在最后却演绎了两种截然不同的命运。所以，一个人的心态往往会影响一个人的命运，要想时刻都过得愉快，就得让自己的心情永远都在你的掌控之中。

有一句俗语"拥有积极心态的人像太阳，照到哪里哪里亮；拥有消极心态的人像月亮，初一、十五不一样"，这句俗语生动地表明了心态可以影响我们的生活，你拥有什么样的心情，世界就会向你呈现什么样的颜色。

　　从故事中我们还可以看到，问题的发生，不在于事物本身，而在于我们的心态。心态不同，看到的世界就是不同的。因为抱怨者的眼睛里只有消极和悲观，抱怨的人生是灰色的，他们的目光也只会为了生活中的不如意而停留，他们的生活总是被烦恼占满，他们的内心总是被沮丧和自卑充斥着。

　　其实一个人在任何时候都面临着快乐和不快乐的选择，也许我们不能在任何环境下都保持快乐，但是我们要知道，我们在任何时候都有选择快乐的权利。既然快乐也是过一天，不快乐也是过一天，我们倒不如用快乐去拥抱每一天。

第十章
睿智人生，取舍之间彰显智慧

取舍之间，唯心而已

弘一大师曾说："不可闲谈、不晤客人、不通信（有十分要事，写一纸条交与护关者）。凡一切事，尽可俟出关后再料理也，时机难得，光阴可贵，念之！念之！"舍掉闲谈，舍掉见客，舍掉与人通信，用留下的时间来闭关修炼、研究佛法，弘一大师因此取得了佛学上的大成就。

《孟子·告子上》："鱼，我所欲也；熊掌，亦我所欲也；二者不可得兼，舍鱼而取熊掌者也。"鱼和熊掌不可得兼，懂得取舍，是人生的一种境界。

有两个禅师是同门师兄弟，都是开悟了的人，一起外出行脚。

从前的出家人肩上背着一个铲子。这个铁铲有两个用处，一个是可以随时种植生产，带一块洋芋，把洋芋切四块埋下去，不久洋芋长出来，可以吃饭，不用化缘了。另一个是，路上看到死东西就把它埋掉。两师兄弟在路上忽然看到一个死人，一个挖土把尸体埋掉；一个却扬长而去，看都不看。

有人去问他们的师父："您两个徒弟都开悟了，我在路上看到他们，两个人表现是两样，究竟哪个对呢？"师父说："埋他的是慈悲，不埋的是解脱。因为人死了最后都会变成泥巴的，摆在上面变泥巴，摆在下面也变泥巴，都是一样，所以说，埋的是慈悲，不埋的是解脱。埋也对，不埋也对，取也对，舍也对。"

取舍之间，很多时候，人们向往去取得，并且认为多多益善。然而，"取"却是以"舍"为代价的。取到多少，就会舍掉多少。有时候，取舍是由个人主观意志所决定。例如，弘一大师，他舍去了世俗的婚姻家庭，得到了佛法的博大精深；舍掉了红尘爱恨嗔痴，得到了心灵的圆满平静。这取舍，是由他自己做主的，心甘情愿，罔顾周围人的劝阻。而有些时候，取舍是不知不觉间命运的安排。

现实生活中，取舍比比皆是，而很多取舍，并非命运所定、无法摆脱。诸多的取舍，还是掌握在我们自己手中的。

商人重利轻别离，舍掉家庭的和和美美，用孤寂繁忙得来苦苦追逐的利益，这是商人的取舍；玄武门李世民杀兄弑弟得到皇位，这是政治家的取舍；荀巨伯在盗贼入关时宁死不弃朋友、程婴忍受世人误解唾骂抚养赵氏孤儿，这是君子的取舍；朱自清宁愿饿死不领美国救济粮、鲁迅弃医从文唤醒浑浑噩噩的国民大众，这是爱国者的取舍……生活中的诸多选择是非常沉重的。因为我们做出一种选择，在得到的同时就意味着放弃、舍弃一些别的东西，一旦放弃，往往意味着不再拥有。如何面对人生中的取与舍呢？苏联作家尼古拉·奥斯特洛夫斯基曾说："人最宝贵的是生命，生命属于我们只有一次。人的一生应当这样度过：当他回首往事的时候，他不因虚度年华而悔恨，也不因碌碌无为而羞耻……这样，在他临死的时候，他就能够说：'我整个的生命和全部的精力，都献给了世界上最壮丽的事业——为人类的解放而斗争！'"或者取，或者舍。当我们回忆往事的时候，不会为自己的取舍感到后悔，这样的取舍便是正确的、值得的。

失去可能也是福

人生就像一场旅行，在行程中，你会用心去欣赏沿途的风景，同时也会接受各种各样的考验，这个过程中，你会失去许多，但是，你同样也会收获很多，因为，失去所传递出来的并不一定都是灾难，也可能是福音。

有一位住在深山里的农民，经常感到环境艰险，难以生活，于是便四处寻找致富的好方法。一天，一位从外地来的商贩给他带来了一样好东西，尽管在阳光下看去那只是一粒粒不起眼的种子。但据商贩讲，这不是一般的种子，而是一种叫作"苹果"的水果的种子，只要将其种在土壤里，两年以后，就能长成一棵棵苹果树，结出数不清的果实，拿到集市上，可以卖好多钱呢！

欣喜之余，农民急忙将苹果种子小心收好，但脑海里随即涌现出一个问题：既然苹果这么值钱、这么好，会不会被别人偷走呢？

于是，他特意选择了一块荒僻的山野来种植这种颇为珍贵的果树。

经过近两年的辛苦耕作，浇水施肥，小小的种子终于长成了一棵棵茁壮的果树，并且结出了累累硕果。

这位农民看在眼里，喜在心中。嗯！因为缺乏种子的缘故，果树的数量还比较少，但结出的果实也肯定可以让自己过上好一点儿的生活。

他特意选了一个吉祥的日子，准备在这一天摘下成熟的苹果，挑到集市上卖个好价钱。当这一天到来时，他非常高兴，一大早便上路了。

当他气喘吁吁爬上山顶时，心里猛然一惊，那一片红灿灿的果实，竟然被外来的飞鸟和野兽们吃了个精光，只剩下满地的果核。

想到这几年的辛苦劳作和热切期望，他不禁伤心欲绝，大哭起来。他的财富梦就这样破灭了。在随后的岁月里，他的生活仍然艰苦，只能苦苦支撑下去，一天一天地熬日子。不知不觉之间，几年的光阴如流水一般逝去。

一天，他偶然来到了这片山野。当他爬上山顶后，突然愣住了，因为在他面前出现了一大片茂盛的苹果林，树上结满了累累硕果。

这会是谁种的呢？在疑惑不解中，他思索了好一会儿才找到了一个出乎意料的答案：这一大片苹果林都是他自己种的。

几年前，当那些飞鸟和野兽在吃完苹果后，就将果核吐在了旁边，经过几年的生长，果核里的种子慢慢发芽生长，终于长成了一片更加茂盛的苹果林。

现在，这位农民再也不用为生活发愁了，这一大片林子中的苹果足以让他过上温饱的生活。

有时候，失去是另一种获得。花草的种子失去了在泥土中的安逸生活，却获得了在阳光下发芽微笑的机会；小鸟失去了几根美丽的羽毛，经过跌打，却获得了在蓝天下凌空展翅的机会。人生总在失去与获得之间徘徊。没有失去，也就无所谓获得。

生活中，一扇门如果关上了，必定有另一扇门打开。你失去了一种东西，必然会在其他地方收获另一个馈赠。关键是，我们要有乐观的心态，相信有失必有得。要舍得放弃，正确对待你的失去，因为失去可能是一种生活的福音，它预示着你的另一种获得。

从远处看，人生的失意也很有诗意

如果一个人在 46 岁的时候，在一次很惨的机车意外事故中被烧得不成人形，4 年后又在一次坠机事故后腰中部以下全部瘫痪，会怎么办？

接下来，我们能想象他变成百万富翁、受人爱戴的公共演说家、春风得意的新郎官及成功的企业家吗？我们能想象他会去泛舟、玩跳伞、在政坛角逐一席之地吗？这一切，米歇尔全做到了，甚至有过之而无不及。

在经历了两次可怕的意外事故后，米歇尔的脸因植皮而变成一块彩色板，手指没有了，双腿如此细小，无法行动，只能瘫痪在轮椅上。那次机车意外事故，把他身上六成五以上的皮肤都烧坏了，为此他动了 16 次手术。手术后，他无法拿起叉子，无法拨电话，也无法一个人上厕所，但以前曾是海军陆战队员的米歇尔从不认为他被打败了。他说："我完全可以掌控我自己的人生之船，那是我的浮沉，我可以选择把目前的状况看成倒退或是一个新起点。"6个月之后，他又能开飞机了！

米歇尔为自己在科罗拉多州买了一幢维多利亚式的房子，另外也买了一架飞机及一家酒吧，后来他和两个朋友合资开了一家公司，专门生产以木材为燃料的炉子，这家公司后来变成佛蒙特州第二大的私人公司。

机车意外发生后4年，米歇尔所开的飞机在起飞时又摔回跑道，把他胸部的12条脊椎骨全压得粉碎，腰部以下永远瘫痪！

米歇尔仍不屈不挠，日夜努力使自己能达到最高限度的自主。他被选为科罗拉多州孤峰顶镇的镇长，他保护了小镇的美景及环境，使之不因矿产的开采而遭受破坏。米歇尔后来也竞选国会议员，他用一句"不只是另一张小白脸"的口号，将自己难看的脸转化成一项有利的资产。

尽管刚开始面貌骇人、行动不便，米歇尔却开始泛舟，他坠入爱河且完成终身大事，他拿到了公共行政硕士学位，并持续他的飞行活动、环保运动及公共演说。

米歇尔坦然面对自己的失意的态度使他赢得了人们的普遍尊敬，同时他也成了《纽约时报》《时代周刊》等知名媒体的封面人物。

米歇尔说："我瘫痪之前可以做1万件事，现在我只能做9000件，我可以把注意力放在我无法再做的1000件事上，或是把目光放在我还能做的9000件事上。告诉大家，我的人生曾遭受过两次重大的挫折，而我不能把挫折拿来当成放弃努力的借口。或许你们可以用一个新的角度，来看待一些一直让你们裹足不前的经历。你可以退一步，想开一点，然后，你就有机会说：'或许那也没什么大不了的！'"

月有阴晴圆缺，不论是圆是缺，它总是天空中一道亮丽的风景，总是会有人为它写出最美的诗章。我们的人生也是如此。情场失意、朋友失和、亲人反目、工作不得志……类似的事情总会不经意纠缠你，此时你的情绪可能已经跌至低谷，每到这时候，我们都应该相信，所有的艰难困苦都是人生必经的风景，为何不好好地感受这场风景带给我们的体验？如果真的做到，我们将会得到更多快乐的心境和成长的智慧。当你走过这段失意，回头再看时你会发现，那时无比坚强的你看起来是如此的美丽。

铅华洗尽，才有持久的美丽

某一天，真实和谎言一起到河边洗澡。真实细致地刷洗着自己身上的污垢，而谎言则匆匆忙忙地洗完澡独自上了岸。

它偷偷穿上了真实的衣服，悄悄地溜走了。当真实上岸之后，找不到自己的衣服，却也不愿意穿谎言的衣服，于是只好一丝不挂地走回去，一路寻找着谎言。

从此，人们错把穿着衣服的谎言当作真实，百般敬重；而真实则因为一直赤裸裸地而遭受了别人的白眼和不屑。

披着"真实"外衣的"谎言"赢得了人们的尊重，而这些人，也必然会为自己轻率的判断付出代价，因为真实与谎言的最终结果，必然是"真实归于真实，谎言归于谎言"，正如佛教所说："佛界的归于佛界，魔世的归于魔世。"

一个谎言需要一千个谎言来维持，这正是星云大师之所以认为虚伪地过日子是世上最累人的事的原因。不管多么周密的谎言，总有一天会在阳光的照射下被揭穿。而赤裸裸的真实，也总能够绽放出自己华美的光彩。

浓妆艳抹的风姿虽然能够在第一时间吸引住别人的目光，但洗尽铅华后的本色才更加持久。

人的生命很脆弱，从牙牙学语到撒手人寰，短暂的几十年我们从轻狂到沧桑，从迷恋刹那间流萤烟火的璀璨到回归冷漠的沉静，从喜欢浓重的斑斓的色彩到挚爱着黑与白的变奏，这是生命成熟的必经阶段，也是铅华洗尽之后骤然的觉悟。

就像我们总是为路边默默开放的野花而感动，它们不施粉黛，无人宠爱，只有大自然的风吹日晒，间或行人匆匆一瞥。它们一簇一簇地开放，平凡而美丽，无闻却伟大，不为惊叹的赞美，只为平凡的一生。

美丽，在洗尽铅华之后，永恒绽放！

舍与得之间，你需要一颗平常心

在奥运会上夺得金牌的冠军们，接受媒体采访时，说得最多的就是很简单的一句话：保持平常的心态。的确，在竞技场上保持平常心态，就能使竞技者超水平发挥，取得意想不到的成绩。在职场和人生中更是如此，只有保持平常心，才能取得工作和生活上的成功。

实际上，很多人并不是被自己的能力所打败，而是败给自己无法掌控的情绪。在现实工作中，在激烈的竞争与强烈的成功欲望的双重压力下，从业者往往会出现焦虑、欢喜、急躁、慌乱、失落、颓废、茫然、百无聊赖等困扰工作的情绪。这些情绪一齐发作，常常会让人丧失对自身的定位，变得无所适从，从而大大地影响了个人能力的发挥，使自己的工作效能大打折扣。

如古人所云："宁静而致远，淡泊以明志。"不管我们身在何种环境，承受什么样的压力，只要能够坦然面对，就能够轻松地走向成功。

有一次，有源禅师问大珠慧海禅师："大师修道是否用功？"大珠慧海禅师回答："用功。"

有源禅师问："如何用功？"大珠慧海禅师回答："吃饭时吃饭，睡觉时睡觉。"有源禅师说："这和一般人有何不同？"大珠慧海禅师说："一般人吃饭时不肯吃饭，百种需索；睡觉时不肯睡觉，千般计较，所以不同。"

在我们的生活中，无论从事何种工作，无论身处什么位置，遇到的问题可能不同，但所面临的压力其实是一样的。漫长的工作生涯中，不分昼夜地加班、工作碰到困难、获得褒奖、遭遇委屈，甚至是挫折连连，这都是我们要经历的事情，它涉及所有的人，并不是单单指向某一个人。而职场中人不同的反应体现的则是个体的素质。所以，我们应当努力学会，而且是必须学会去适应环境，而不是怨天尤人、沾沾自喜抑或是垂头丧气。如果我们能够随时保持一颗平常心，做到宠辱不惊，去留随意，我们就能够简简单单地面对自己的生活。

放弃是为了很好地获得

中国有句古话：有所为就有所不为。有所得，就必有所失。什么都想得到，只能是生活中的侏儒。要想获得某种超常的发挥，就必须扬弃许多东西。瞎子的耳朵最灵，因为眼睛看不见，他必须竖着耳朵听，久而久之，耳朵达到了超常的功能。会计的心算能力最差，2加3也要用算盘打一遍，而摆地摊的则是速算专家。生活中也一样，当你的某种功能充分发挥时，其他功能就可能退化。

如果我们发现自己的老板并不是一个睿智的人，并没有注意到我们所付出的努力，也没有给予相应的回报，那么也不要懊丧，我们可以换一个角度来思考：现在的努力并不是为了现在的回报，而是为了未来。人生并不是只有现在，而且有更长远的未来。固然，薪水要努力多挣些，但那只是个短期的小问题，最重要的是获得不断晋升的机会，为未来获得更多的收入奠定基础。更何况生存问题需要通过发展来解决，眼光只盯着温饱，得到的永远只有温饱。

暂时的放弃是为了未来更好地获得。尽管薪水微薄，但是，我们应该认识到，老板交付的任务能锻炼我们的意志，上司分配给我们的工作能发展我们的才能，与同事的合作能培养我们的人格，与客户的交流能训练我们的品性。企业是我们生活的另一所学校，工作能够丰富我们的思想，增进我们的智慧。

比如俾斯麦，别的方面我们姑且不谈，在这一点上，他就有值得我们学习的地方。俾斯麦在德国驻俄外交使馆工作时，薪水很低，但是他却从来没有因为自己的工资低而放弃努力。在那里他学到了很多外交技巧，也锻炼了自身的决策能力，这对他后来的政治活动影响很大。

许多商界名人开始工作时收入都不高，但是他们从来没有将眼光局限于此，而是始终不渝地努力工作。在他们看来，缺少的不是金钱，而是能力、经验和机会。最后当他们功成名就之时，又如何衡量他们的收入呢！

在你工作时，要时刻告诫自己：我要为自己的现在和将来而努力。无论你的工资收入是多还是少，都要清楚地认识到那只是你从工作中获得的一小部分。不要考虑太多你的工资，而应该用更多的时间去接受新的知识，培养自己的能力，展现自己的才华，因为这些东西才是真正的无价之宝。在你未来的资产中，它们的价值远远超过了现在所积累的货币资产。当你从一个新手、一个无知的员工成长为一个熟练的、高效的管理者时，你实际上已经大有收获了。你可以在其他公司甚至自己独立创业时，充分发挥这些才能，而获得更高的报酬。

也许你的老板可以控制你的工资，可是他却无法遮住你的眼睛、捂上你的耳朵，阻止你去思考、去学习。换句话说，他无法阻止你为将来所做的努力，也无法剥夺你因此而得到的回报。

但是生活中也有不少人为了求得一份收入丰厚的工作，而放弃了个人的兴趣追求。工作时往往超负荷运转，个人空间极小。从社会对劳动力的不同需求来看，这种选择无可厚非，但这往往并不是人们心目中最理想的选择。赚钱当然是必要的，但人们除了工作之外，对其他事物也有追求，如自由的时间、良好的健康、和谐的人际关系和幸福的家庭等等。因此，一份相对自由的、能充分发挥个人聪明才智的工作将越来越成为人们的首选择业目标。这样，人们就可能拥有更多灵活的时间，弹性安排自己的生活。这样的工作才是个性化的、理想的工作。

人，必须懂得及时抽身，离开那看似最赚钱，却不再有进步的地方；必须鼓起勇气，不断学习，再去开创生命的另一高峰。

盘子小不是问题，有气魄就能钓到"大鱼"

几个人在岸边岩石上垂钓，一旁有几名游客在欣赏海景之余，亦围观他们钓上岸的鱼，口中啧啧称奇。

只见一个钓者竿子一扬，钓上了一条大鱼，约3尺来长。落在岸上后，那条鱼依然腾跳不已。钓者冷静地解下鱼嘴内的钓钩，随手将鱼丢回海中。

围观的众人发出一阵惊呼，这么大的鱼犹不能令他满意，足见钓者的雄心之大。就在众人屏息以待之际，钓者渔竿又是一扬，这次钓上的是一条2尺长的鱼，钓者仍是不多看一眼，解下鱼钩，便把这条鱼放回海里。

第三次，钓者的渔竿又再扬起，只见钓线末端钩着一条不到1尺长的小鱼。

围观的人以为这条鱼也将和前两条大鱼一样，被放回大海，不料钓者将鱼解下后，小心地放进了自己的鱼篓中。

游客中有一人百思不解，追问钓者为何舍大鱼而留小鱼。

钓者回答道："喔，那是因为我家里最大的盘子只有1尺长，太大的鱼钓回去，盘子也装不下……"

舍3尺长的大鱼而宁可取不到1尺的小鱼，这是令人难以理解的取舍，而钓者的唯一理由，竟是家中的盘子太小，盛不下大鱼！

在我们的生活中，是不是也出现过类似的场景？例如，当我们好不容易有一番雄心壮志时，就习惯性地提醒自己："我想得也太天真了吧？我只有一个小锅，煮不了大鱼。"因为自己背景平凡，而不敢去梦想非凡的成就；因为自己学历不足，而不敢立下宏伟的大志；因为自己自卑保守，而不愿打开心门，去接受更好、更新的信息……凡此种种，我们画地为牢、故步自封，既挫伤了自己的积极性，也限制了自己的发展。生活中那些人生篇章舒展不开、无法获得大成就的人，往往就是因为没有大格局。

你或许正在为自己的平庸无为而苦闷愤懑，那么，自我反思一下，看看你的格局是不是太小了：拘囿于朝九晚五、机械式的工作程序，满足于日常生活的柴米油盐，为同事之间的小摩擦而斤斤计较半天，为了节省几毛钱而绕远道去另一个超市，为了省钱从不买书，从没有展望过自己的未来……想一想自己身上还有哪些小格局，把它打开吧，你将拥有一个更加广阔的人生。

量力而行，舍弃才能得到

据说有一年，香港特别行政区政府打算把中环海边康乐大厦所在的那块土地进行拍卖。这块土地面积大，属于黄金地段。消息传出后，有资产的人都兴致勃勃，连远在港外的富商们也都赶来参加投标。一时间，香港码头机场客流量大，饭店老板个个眉开眼笑。投标者虽多，但有资格的就那么几个，真正打这块地皮主意的，在香港只有李嘉诚的长江实业有限公司和英国的渣打银行。香港特区政府为了不让港外人士购地，有意让这两家中的一个获胜，便采取了暗中投标的方式，即谁也不知道别人所投价格为多少。

李嘉诚心里有打算，地皮虽好，也有个底线，否则买回来也是亏本，而渣打银行必然拼命抬价，以扳回前几次败北丢的面子，李嘉诚报上28亿港元。那渣打银行活脱脱的英国绅士脾气，底气不足却要打肿脸充胖子，又认为李嘉诚必定拼命抬价，于是豁出了老本，报出了42亿港元的价格。结果当然是渣打银行获胜。正当银行上下举杯欢庆时，打听消息的探子回来报告说，李嘉诚的报价比他们少14亿港元，顿时一个个脸色变得死灰，总裁吃惊得连酒杯都掉在地上摔得粉碎。

李嘉诚精打细算，忍住了黄金地段的巨大诱惑，果断地抽身而退，把烫手的山芋甩给了渣打银行。如果忍不住，把自己的老本全部押上，可能落个失败的"威风"，又有何价值。这就显示了凡事能够量力而行，就可以保持长久的成功。

懂得量力而行的人，不会在自己的能力之外贸然行动，这样也就不会招来危险。孙武在书中说：用兵之法，十则围之，五则攻之，倍则分之，敌则能战之，少则能逃之，不若则能避之。就是说有10倍于对方的兵力，就要围困它；有5倍于它的兵力，就要攻打它；只有对方的一倍多，就分散攻击它；与敌军匹敌，就要能战则战；比敌人的兵力少，则要能逃就逃。量力而为是在危险之中降低伤害的最明智的办法，它不需要太多玄妙的智慧，只要我们对自己有一个客观的认识就可以了。

懂得量力而行也是一种舍得之道。放弃追逐自己能力以外的东西，在力所能及的范围内将自己的能力进行最大限度的发挥，便能创造有益的社会财富。大凡有成就的人不会计较眼前的得失，他们明白有舍才有得。此时的放弃并不意味着永远的失败，而是另一种对人生的成全，因为你所放弃的是生活的负累。在人生的每一个关键时刻，我们应审慎地运用智慧，做最正确的选择，同时别忘了及时审视选择的角度，适时调整。要学会从各个不同的角度全面研究问题，放弃无谓的固执，冷静地用开放的心胸做正确的抉择。

不被表象所迷惑，集中精力于大事上

《劝忍百箴》告诫人们，顾全大局的人，不拘泥于区区小节；要做大事的人，不追究一些细碎小事；观赏大玉圭的人，不细考察它的小疵；得巨材的人，不为其上的蠹蛀而怏怏不乐。因为一点瑕疵就扔掉玉圭，就永远也得不到完美的美玉；因为一点蛀蚀就扔掉木材，天下就没有完美的良材。

关于伯乐相马的故事流传已久。

秦穆公对伯乐说："您的年纪大了，您的家里，有能去寻找千里马的人吗？"伯乐回答说："好马可以从外貌、筋骨上看出来。但千里马很难捉摸，其特点若隐若现，若有若无，我的儿子们都是才能低下的人，我可以告诉他们什么是好马，但没有办法告诉他们什么是千里马。我有一个朋友，名字叫九方皋。他相马的本领不比我差，请您召见他吧！"

秦穆公召见了九方皋，派遣他去寻找千里马。三个月之后，九方皋回来了，向秦穆公报告说："千里马已经找到了，现在沙丘那个地方。"穆公问他："是一匹什么样的马呢？"九方皋回答说："是一匹黄色的母马。"秦穆公派人去取，结果是一匹公马，而且是黑色的。秦穆公非常不高兴，于是将伯乐召来，对他说："真是糟糕，您让我派去的那个寻找千里马的人，连马的颜色和雌雄都分辨不出来，又怎么能知道是不是千里马呢？"伯乐却长叹一声说："他相马的本领竟然高到了这种程度！这正是他超过我的原因啊！他抓住了千里马的主要特征，而忽略了它的表面现象；注意到了它的本领，而忘记了它的外表。他看到他应该看到的，而没有看到不必要看到的；他观察到了他所要观察的，而放弃了他所不必观察的。像九方皋这样相马的人，才真正达到了最高的境界！"那匹马果然是难得一见的千里马。

处理事情的时候，一味强调细枝末节，以偏概全，就会抓不住要害问题，没有重点，不知道从哪里下手。有些人只记得了一些表面的、细微的特征，却无法从根本上解决问题，要做大事，就要纵观全局，不能在小事上纠缠。

有一句话是这样说的：我们宁愿失去一场战斗而赢得一场战争，也不愿意因赢得一场战斗而失去一场战争。在做事情前要自问："这真的很重要吗？"问问自己："这事值得我那样大动干戈吗？"

如果我们碰到麻烦事时，问自己一声："这事真的很重要吗？"那么许多争吵与不和就不会发生了。

不要被一些表象或肤浅的事情所淹没，要集中精力于大事上。

像橡皮筋一样有弹性

人生有两种情境，一是逆境，一是顺境。面对困境和逆境，人有必要向橡皮筋学习学习。在逆境中，困难和压力逼迫身心，这时应懂得一个"屈"字，委曲求全，保存实力，以等待转机。在顺境中，幸运和环境皆有利于我，这时当不忘一个"伸"字，乘风万里，扶摇直上，以顺势应时，更上一层楼。

　　这就像打牌，输牌和赢牌是常有的事情，我们不能因为一场输牌而沮丧不已。也不能因为赢了一场就洋洋自得，人当有穿梭于输赢之间的能力。

　　从做人上讲，应该有刚有柔。人太刚强，遇事就会不顾后果，迎难而上，这样的人容易遭受挫折。人太柔弱，遇事就会优柔寡断，坐失良机，这样的人很难成就大事，一味软弱，终究是扶不起的阿斗。做人就要刚柔并济，能刚能柔，能屈能伸，当刚则刚，当柔则柔，屈伸有度。适当的弹性有助于你克服障碍，加快你前进的步伐。小草之所以抵得过强风，是因为懂得随风摇曳，随时改变自己的姿态；扁舟之所以抗得住恶浪，是因为能够顺水击流，随时调整自己的航向。

　　有一个人在社会上总是不得志，有人向他推荐一位得道大师。他找到大师，倾吐了自己的烦恼。大师沉思了一会儿，默然舀起一瓢水，说："这水是什么形状？"这人摇头："水哪有形状呢？"大师不答，只是把水倒入一只杯子，这人恍然，道："我知道了，水的形状像杯子。"大师无语，轻轻地拿起花瓶，把水倒入其中，这人又道："哦，难道说这水的形状像花瓶？"大师摇头，轻轻提起花瓶，把水倒入一个盛满花土的盆中。水很快就渗入土中，消失不见了。这人陷入了沉思。这时，大师俯身抓起一把泥土，叹道："看，水就这么消逝了，这就是人的一生。"

　　那个人沉思良久，忽然站起来，高兴地说："我知道了，您是想通过水告诉我，社会就像一个个有规则的容器，人应该像水一样，在什么容器之中就像什么形状。而且，人还极可能在一个规则的容器中消失，就像水一样，消失得迅速、突然，而且一切都无法改变。"

　　这人说完，眼睛急切地盯着大师，渴盼着大师的肯定。"是这样。"大师微笑，接着说，"又不是这样！"说毕，大师出门，这人随后。

　　在屋檐下，大师伏下身，用手在青石板的台阶上摸了一会儿，然后顿住。这人把手指伸向大师手指所触之地，那里有一个深深的凹口。大师说："下雨天，雨水就会从屋檐落下。你看，这个凹处就是雨水落下的结果。"此人于是大悟："我明白了，人可以被装入规则的容器，但又可以像这小小的雨滴，改变这坚硬的青石板，直到容器破坏。"大师点头："对，这里终会变成一个洞。"

　　做人就要像水一样，有弹性，能屈能伸，无论是在工作上还是感情上都是如此，可以和一些人在一起工作；也可以一个人工作。可以被人捧到天上，也要学会忍受别人的责骂。不会因为一次的失败而觉得前途阻力无限，不要因为人生路上的不如意对自己丧失信心，当以一颗坚强的心去面对生活的刁难和挑战。越王勾践正是这样，能够享受尊荣，也能够卧薪尝胆，在大喜大悲之后依然能够称王，这便是弹性。在得意的时候能够开怀大笑，但也能把握得住分寸，不让扑面而来的掌声鲜花迷失了双眼，这样才能使得自己的人生不断地走向辉煌。

　　当我们在行进的过程中，经过不断的努力，发现此路不通，就不要钻牛角尖，人要懂得转弯，绕道而行。当我们遇到与对手竞争的时候也不要一味地将对手看作是敌人，因为对手身上的优点很可能是你没有的，有时候对手就是一个榜样，值得你学习，而一味地将对手看作是敌人的人、想尽办法打赢对手的人是不能取得最终的成功的。只有那些虽然存在竞争关系，但是仍然将对手当朋友做榜样的人才能走得更远，以后的路子会更宽。对于企业来讲，要有大企业的气魄，赢得起，输得起，在输的时候能够虚心地学习竞争对手如何将企业做得更好，并感谢对手的存在让企业能够不断改善自身的弱点，越做越强。

当事情失败的时候，看看能不能在败局中找到新的成功之路。给一个曾经伤害过你的人一个悔恨的机会，多一分宽容，或许就在你对他微笑的那一刻起，你已经成了他这一生中最重要的朋友。人很多时候要具有弹性，才能更有利于自身的发展。

人生如牌，不论是遇到什么的牌局，好或不好，人都应像橡皮筋一样拥有一份弹性，一时的忍耐很可能换来长久的希望与成功，才能成为终极赢家。

享受诗意人生

一位得知自己不久于人世的老先生，在日记簿上记下了这样一段文字：

"如果我可以从头活一次，我要尝试更多的错误，我不会再事事追求完美。

"我情愿多休息，随遇而安，处事糊涂一点，不对将要发生的事处心积虑计算着。其实人世间有什么事情需要斤斤计较呢？

"可以的话，我会多去旅行，翻山涉水，再危险的地方也要去一去。以前不敢吃冰淇淋，是怕健康有问题，此刻我是多么的后悔。过去的日子，我实在活得太小心，每一分每一秒都不容有失，太过清醒明白，太过合情合理。

"如果一切可以重新开始，我会什么也不准备就上街，甚至连纸巾也不带一块，我会放纵地享受每一分、每一秒。如果可以重来，我会赤足走出户外，甚至彻夜不眠，用这个身体好好地感觉世界的美丽与和谐。还有，我会去游乐场多玩几圈木马，多看几次日出，和公园里的小朋友玩耍。"

"只要人生可以从头开始……但我知道，不可能了。"

美国诗人惠特曼说："人生的目的除了去享受生活外，还有什么呢？"

林语堂也持同样的看法，他说："我总以为生活的目的即是生活的真享受……是一种人生的自然态度。"

生活本是丰富多彩的，除了工作、学习、赚钱、求名，还有许许多多美好的东西值得我们去享受：可口的饭菜，温馨的家庭生活，蓝天白云，花红草绿，飞溅的瀑布，浩瀚的大海，雪山与草原，大自然的形形色色，包括遥远的星系，久远的化石……

此外还有诗歌，音乐，沉思，友情，体育运动，喜庆的节日……甚至工作和学习本身也可以成为享受，如果我们不是太急功近利，不是单单为着一己利益，我们的辛苦劳作也会变成一种乐趣。让我们把眼光从"图功名""治生产"上稍稍挪开，去关注一下我们生命和生活中的这些美好。

努力地工作和学习，努力地创造财富，这当然是正经的事。享受生活，必须有一定的物质基础。只有衣食无忧，才能谈得上文化和艺术。饿着肚子，是无法去细细欣赏山灵水秀的，更莫说是寻觅诗意。所以，人类要努力劳作，但劳作本身不是人生的目的，人生的目的是"生活得写意"。一方面勤奋工作，一方面使生活充满乐趣，这才是和谐的人生。

　　我们说享受生活，不是说要去花天酒地，也不是要去过懒汉的生活，吃了睡，睡了吃。如果这样"享受生活"，那是在糟蹋生活。享受生活，是要努力去丰富生活的内容，努力去提升生活的质量。愉快地工作，也愉快地休闲。散步，登山，滑雪，垂钓，或是坐在草地或海滩上晒太阳。在做这一切时，使杂务中断，使烦忧消散，使灵性回归，使亲伦重现。用乔治·吉辛的话说，是过一种"灵魂修养的生活"。

　　我们会工作，会学习，但还不会真正享受生活，而这对于我们来说，是人生的一大遗憾。学会享受生活吧，真正去领会生活的诗意、生活的无穷乐趣，这样我们工作起来、学习起来，才会感到更有意义。

图书在版编目（CIP）数据

学会选择，懂得放弃 / 文德编著. — 北京：中国华侨出版社，2017.12
（2018.9重印）

ISBN 978-7-5113-7285-7

Ⅰ.①学… Ⅱ.①文… Ⅲ.①人生哲学—通俗读物 Ⅳ.①B821-49

中国版本图书馆CIP数据核字(2017)第309000号

学会选择，懂得放弃

编　　著：文　德
出 版 人：刘凤珍
责任编辑：黄　威
封面设计：李艾红
文字编辑：聂尊阳
美术编辑：武有菊
经　　销：新华书店
开　　本：880mm×1230mm　1/32　印张：8.5　字数：190千字
印　　刷：三河市新新艺印刷有限公司
版　　次：2018年1月第1版　　2021年5月第7次印刷
书　　号：ISBN 978-7-5113-7285-7
定　　价：36.00元

中国华侨出版社　北京市朝阳区西坝河东里77号楼底商5号　邮编：100028
法律顾问：陈鹰律师事务所
发 行 部：（010）88893001　　传　　真：（010）62707370
网　　址：www.oveaschin.com　　E-mail：oveaschin@sina.com

如果发现印装质量问题，影响阅读，请与印刷厂联系调换。